新コロナシリーズ ㊾

ネコと遺伝学

仁川純一 著

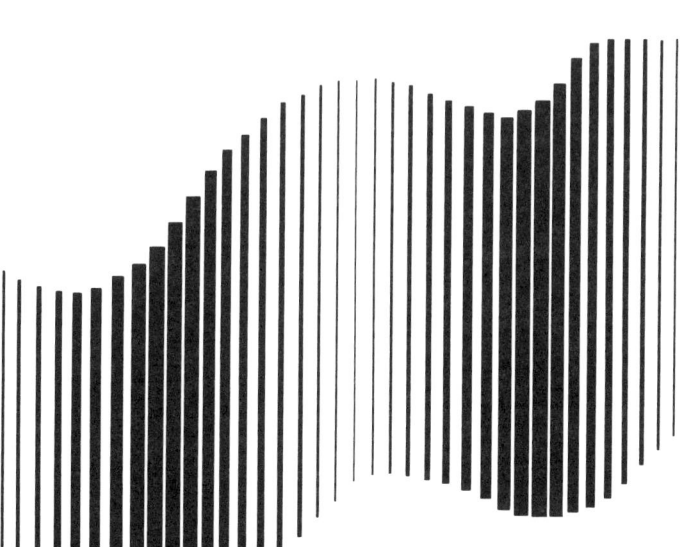

コロナ社

まえがき

本書の題名である「ネコと遺伝学」は，本当は「三毛ネコの毛色を理解するための遺伝学」という意味で，「三毛ネコと遺伝学」という名前にしたかったのですが，すでによく似た名前の「三毛猫の遺伝学」という本が出ていますので，簡単に「ネコと遺伝学」としました。「三毛猫の遺伝学」はアメリカの女性社会科学者ローラ・グールドという人が書いた本です。彼女が雄の三毛ネコをもらったことから，三毛ネコの遺伝に興味をもっていろいろ調べた結果を，物語風にやさしく書いた本です。本書に興味を持たれた読者には，一読をおすすめします。

もう一つ，ネコの遺伝学に関する本としては，元京都大学霊長類研究所におられた野澤謙先生が書かれた，「ネコの毛並み」という本があります。野澤先生は，その所属からわかるように，霊長類すなわちサルがご専門です。しかし，ネコの毛色にも興味をもたれており，ご自身で日本の各地におけるネコの毛色の分布などを，調べておられます。そのような毛色の話や集団遺伝学の話を，一般向けにやさしくまとめられたのが「ネコの毛並み」という本です。

さて，ローラ・グールドの本にも書かれていますが，欧米では三毛ネコはめずらしがられます。それに対して，日本では三毛ネコはわりとありふれたネコで，あちこちで見ることができます。私も小さいころから、シャムネコやペルシャネコはめずらしいネコである、ということは認識していましたが、当然のことながら三毛ネコがめずらしいとは、思ってもいませんでした。ところが、一九八五年ごろからニューヨークの近くで、しばらく暮らしたことがあり、そこで認識を新たにしました。

ある日、アメリカ人の友人が、キャットショーを見にいこうと誘ってくれました。私が住んでいた町の近くの、たしかガーデンシティーというところで、キャットショーがありました。多分、どこかの学校の体育館だったと思いますが、さまざまなネコが小さなおりに入れられて広い会場に並んでいました。もちろんキャットショーですから、ペルシャネコやシャムネコ、その他さまざまなめずらしいネコたちが、かごに入れられてずらりと並んでいました。

順番に見ていくと、その中でどうも場違いなネコが、一匹いるような気がしました。それはよく見てみると三毛ネコでした。なぜ場違いに感じたのでしょうか。三毛ネコは、われわれ日本人には見慣れたネコです。それがあのようなキャットショーで、シャムネコなどと一緒に並んでいるので、奇異に感じられたのです。かごには、日本から来た三毛ネコと書かれてありました。このとき初めて、三毛ネコというのは本当はめずらしいネコであると知ったわけです。なぜ、三毛ネコがめずらしいのかなという疑問を持ちましたが、そのときはそれで終わってしまいました。

その後、「遺伝学」なる学問を多少なりとも専門にして勉強している過程で、初めて三毛ネコが遺伝学的に、非常に面白い生き物であることを知りました。一般に「遺伝」という言葉は、日常よく使われます。何となくわかったように使っていますが、何でもかんでも遺伝のせいにしてしまったり、あるいは逆に遺伝することを認識していなかったりします。その本質を理解するのは、なかなか難しいようです。

さらに最近では、この遺伝という現象を、分子レベルで明らかにしようという「分子遺伝学」なる学問もでき、ますます難しい、複雑なものであると思われています。このような分野は、理科嫌いの人には、とかく敬遠されがちです。ただ初めから「難しそうだから」と、食わず嫌いのところもあるようです。また解説書も、難しい言葉や現象などを並べてあったりして、取っ付きにくいようにも思えます。「分子レベル」といっても、普通の人にはピンとこないかもしれません。しかし逆に、分子レベルで解明されたおかげで、はっきりとわかってきたことも、随分多くなってきました。いままで曖昧であった遺伝現象などが、わかりやすくなってきたことも増えています。

私は別にネコの研究をしているわけではありませんが、もともとがネコ好きということもあって、ネコの毛色の遺伝など、自分が興味を持ったことなどを少々調べてみました。その調べた結果をまとめている途中で、三毛ネコを題材にして、分子遺伝学という学問を、一般の人に少しでも興味をもってもらえないかと考えました。そこで、この本を書いてみることにしました。

この本では、できるだけ専門用語を使わないようにこころがけています。もちろん、その言葉を覚えておいてもらわないと、先へ進めないという用語もありますので、そこは多少は我慢してもらって、何となくでもわかった気になって、その先を読んでいただければと思います。思いつきで調べた、ネコに関わるトピックスをかき集めてありますので、この本は少々内容にまとまりがないことを、初めにおわびしておきます。ただ本書を読まれて、「なぜ三毛ネコが、あんなに奇麗な三色の毛色をしているのか」を、少しでも理解していただき、遺伝学を身近に感じていただければ幸いです。

おわりに、この本の出版に当り、いろいろとお世話になりました株式会社コロナ社の皆様に、心からお礼を申し上げます。

二〇〇三年七月

仁川　純一

もくじ

1 遺伝子ってなに？

イラスト（ネコ）・中村　美穂

1　遺伝子ってなに？

遺伝について

まわりを見渡せば，白ネコや黒ネコ，斑《ぶち》のネコなど，いろいろな毛色と模様のネコがいます。ネコの毛が黒いとか茶色いとか白いとか，このようにわれわれが実際に見てわかる性質，すなわち表に現れている性質を「表現型」といいます。このような性質は膨大な数になりますが，すべて親から子に伝えられ，すなわち遺伝していきます。よく「カエルの子はカエル」といいます。「トンビがタカを産む」ことなど，あり得ません。

有名なメンデルのえんどう豆の実験以来，親から子に伝わる遺伝にはそれぞれ小さな単位があると考えられ，後にこの単位を「遺伝子」とよびました。表現型を決めているのが，遺伝子です。したがってすべての遺伝子が、親から子に正確に伝えられます。ですから、カエルの子はいつまで経ってもカエルです。ネコの子はネコです。ネコになるための遺伝子が、子ネコに伝えられます。

ただ、長い長い年月の間には遺伝子は少しずつ変化していき、それが蓄積されて生き物は共通の祖先から徐々に違った生物に変わっていきました。それが進化です。しかし進化には気の遠くなるような、とほうもなく長い年月が必要です。短い時間、例えば親から子の世代を考えれば、カエルの子はやはりカエルです。カエルがトカゲに変わることなどありません。

しかし短い世代であっても、たまに遺伝子が変化することがあります。これを突然変異といいます。別の生き物に変わるわけではありませんが、そのために目立った表現型の違いを生じることがあります。その代表例が、生物の色などでしょう。

一口にネコといっても、白ネコや黒ネコがいます。この場合もある遺伝子が変化して、白ネコや黒ネコが生まれたのです。ではどのような遺伝子が、白や黒の毛色を決めているのでしょう。また白ネコと白ネコの子は、必ず白ネコなのか？　白ネコと黒ネコの子は何色になるのか？　これらについて、すこしずつお話していきましょう。

遺伝する形質、すなわち目で見てわかるモノとしては、こんなものが本当に遺伝するの？　と思うようなものもあります。例えばネコの場合、しっぽのないネコや耳が折れ曲がったネコなどがいます。耳の曲がったネコの子供はやはり耳が曲がります。

耳がペタンと前にへしゃげているネコは、スコティッシュフォールドとよばれ、目も顔も体も丸くかわいらしいネコです。一九六〇年代の初めにスコットランドで見つかった突然変異です。また逆に耳が外向きにひっくり返ったネコもいます。アメリカンカールという最近見つかった変異種です（図1）。

しっぽのないネコで有名なのは、マンクスと尾曲りネコです。これについては後でまた述べます。ヒトの場合も、血液型の遺伝などはよく知られていますが、ほかにも耳垢が湿っているか乾いているか、つむじが右巻きか左巻きかといったことや、舌を丸めることができるかできないかとい

スコティッシュフォールド

アメリカンカール

図1　スコティッシュフォールドとアメリカンカール

うことも遺伝します。右利き左利きも遺伝します。

面白いのは、手の人さし指とくすり指のどちらが長いかということや、足のおや指（母趾）とつぎの指がどちらが長いかといったことも遺伝するそうです。家族の間で比べてみると面白いでしょう。

右利きのネコと左利きのネコ

右利き左利きが遺伝すると書きましたが、ヒトではなぜか圧倒的に右利きの人が多いですね。これは小さいころに、無理に右利きに矯正されている場合が多いためのようで、本当はもっと左利きの人も多いのかもしれません。ひょっとしたら、野球選手で右投げ左打ちができる選手やスイッチヒッターは、もともとは左利きなのかもしれません。

ヒトと同じように、イヌも右利きが多いそうですが、ネズミやチンパンジーは右利きと左利きは同じぐらいだそうです。では、ネコでは右利きと左利きのどちらが多いでしょうか。科学者というのは変わった種族で、何にでも興味を持ち、また調べてみなければ気がすみません。イギリスの研究者たちが最近、ネコの利き手（利き前足？）を調べた結果を報告しています。

その結果によると、ネコでは右利きと左利きがほぼ同数らしいのです。家ネコ四八匹（雌二〇

四、雄二八匹）を使って、それが調べられました。彼らは不透明な小箱に餌を入れて、目の前に置かれた餌をネコたちがどちらの手で取るかを、何度か繰り返し調べました。その結果、いつも右手を使うネコが二二匹、左手を使うネコが二一匹でした。残りの五匹は両方の手を使うことがわかりました。

この実験は一〇週間にわたって行われましたが、それぞれのネコの右利き左利きに変化はなかったそうです。つまり、ネコにも利き手があるのです。どんな遺伝子が、右利き左利きを決めているのか興味がありますが、いまのところ、この遺伝子については、ネコの遺伝子はもちろん、ヒトの遺伝子もまだ明らかにはなってはいません。

蛇足ですが、商店などにかざってある「招きネコ」には、右手をあげているネコと左手をあげているネコの二通りがいます。右手をあげているのは幸せや金運を招くそうで、お金の大判を抱えているネコが普通です。左手は人を招くそうで、大入りの札を抱えているネコが多く、商売繁昌の縁起物に使われます（図2）。

さて、右利き左利きなどのように表現型がハッキリと違う例がたくさん知られています。右利き左利きを知るには、ちょっとした実験が必要ですが、ネコの毛の長さや色などは、もっとハッキリと見ただけでわか

図2　右利きのネコと左利きのネコ

ります。したがって遺伝との関係が調べやすいので、いろんなことがわかっています。

例えばネコの毛の長さの場合、大まかに分けて短い毛のネコと長い毛のネコがいます。この場合も、実際に毛を「長くするかしないかを決める遺伝子」が存在します。この遺伝子が正常に働いているかどうかによって毛の長さが決まります。毛の長いネコと短いネコを使って、交配によって生まれてきた子ネコを見れば、容易に結果がわかります。

実際に毛を長くしたり短くしたりするのは、タンパク質とよばれるアミノ酸がつながった物質ですが、遺伝子はこのタンパク質の設計図です。「短くするタンパク質」の設計図が正常な遺伝子（短くする遺伝子）で、この場合は正常なタンパク質が作られて、そのタンパクの働きにより毛は短くなります。ところが遺伝子が少し変化してしまって、設計図に間違いがあると、おかしなタンパク質が作られるか、あるいはタンパク質はまったく作られなくなります。そのような場合には、したがって毛を短くすることができません。つまり遺伝子は「長くする遺伝子」に変化していることになります。

短くする遺伝子と長くする遺伝子は、それぞれLとlの記号で表されます。このような遺伝子というのは、最初は概念的なものでメンデルの研究以来、遺伝の最小単位、すなわち遺伝子というものがあるはずだと考えられたのです。

遺伝子の本体

では、実際に遺伝子の本体は何かというと、これはＤＮＡ（デオキシリボ核酸）とよばれる高分子物質です。高分子とは小さな分子が一列に長く長くつながったもので、ナイロンやポリエチレンなども高分子です。プラスチックの袋などによく使われているポリエチレンは、エチレンという分子がたくさんつながったものです。

ＤＮＡの場合は、ヌクレオチドとよばれる分子がつながっています。カツオブシの旨味のもとで、調味料としても知られているイノシン酸も、ヌクレオチドの一種です。ＤＮＡの場合は、イノシン酸ではなくてほかのヌクレオチドではありますが、それが〝真珠の首飾り〟のようにたくさんつながっています。そのつながり方がとてつもなく長いのです。

どれぐらい長いかというと、ヒトの場合一番長いもので三億個ぐらい、短いもので四千万個ぐらいのヌクレオチドがつながっています。全部で三〇億個ぐらいです。ヒトの一つの細胞の中にあるＤＮＡを全部つなぎあわせると、二メートルほどにもなります。顕微鏡を使ってかろうじて見えるような小さな細胞の中に、それだけ長いひものようなＤＮＡが存在するのです。

ＤＮＡはこんなに長いものですが、その最小単位、すなわち真珠一粒に相当するヌクレオチドの種類は、たった四種しかありません。この四種はＡＣＧＴの記号で表されます（図３）。この四文字の並び方が、すべての生命現象の設計図になるのです。

例えば英語の場合、二六文字のアルファベットでいろいろな文章が書き表されています。それに対し、遺伝情報はすべて四文字で書かれていることになります。しいていえば、「い、ろ、は、に」の四文字で、「ははにはいいいろにははいいろに（母にはいい色には灰色に）……」というような文章が書かれているようなものです。

「たった四文字で生物の持つ複雑な情報が書けるのか？」と驚くには当たりません。ファミコンソフトやコンピュータソフトはたった二つの文字で書かれています。０と１です。簡単なゲームのソフトで、10^6文字ぐらいです。それでもあれだけ複雑な画面や動きを表すことができます。生物の場合は、もちろんもっともっと膨大な文字数です。比較的簡単な生命体である細菌の代表としてよく知られている大腸菌の場合でも、4.6×10^6文字です。コンピュータが０と１の二文字であるのに対して、ＤＮＡの場合は四文字使えるので、

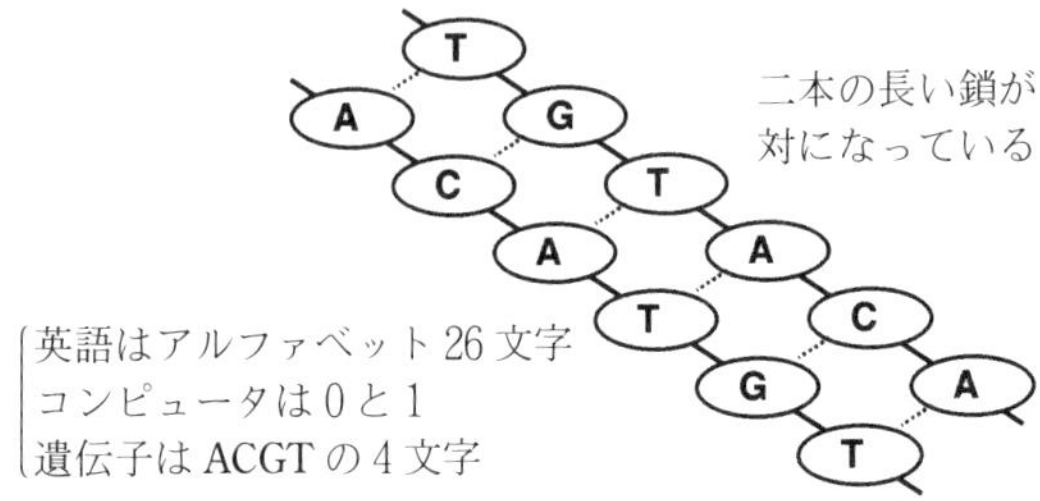

図 3　DNA の構造

コンピュータの言葉になおすと、10^{12}文字ほどになります。

遺伝の仕組み

ＤＮＡの大事な性質の一つは、この長い文字の鎖が、必ず二本より合わさって存在することです。この構造は、ワトソンとクリックによって、一九五三年に報告されました。そのとき、対をなす相手の鎖の文字との組合せは決まっています。例えば先ほどの例で言えば、「い」と「ろ」、「は」と「に」がいつも対を作っているようなもので、

・・・ははにはいいいろにははいいろに・・・
・・・ににはにろろろいはにはにろろいは・・・

と並んでいることになります。

このとき片方の鎖は意味のある情報（母にはいい色には灰色に）を持っていますが、もう一つの鎖は意味を持ちません。そこで前者をセンス鎖、後者をアンチセンス鎖とよびます。アンチ巨人のアンチです。意味のある情報とは、例えばタンパク質の設計図となる場合です。

タンパク質はアミノ酸とよばれる物質が、いくつもつながってできています。天然にはアミノ酸の種類が二〇種あり、その並び方でタンパク質の性質が決まります。センス鎖のＤＮＡ配列は、こ

のアミノ酸の並び方を決めているのです。ではアンチセンス鎖がなんのためにあるかというと、それは遺伝子の情報を子孫に伝えるときに重要となります。子孫に遺伝子の情報を伝えるには遺伝子、すなわち同じDNAを作って分け与える必要があります。

このとき、鎖が二本になっていると作り方が簡単です。その二本の鎖をそれぞれ一本にした後、新しく対の鎖を作り直せばよいのです。対になる相手が決まっているので、まったく同じ配列を持った、二本の鎖が二組できることになります（図4）。

もしDNAが一本の鎖だった場合、それとまったく同じものを作ろうとすると、かなり複雑な手順が必要となるでしょう。二本の鎖が決まった相手と対を作っている場合は、同じものを作る手順は非常に単純なものになるのです。これが一つの細胞が二つに増えたとき、正確に遺伝情報を伝えるための基本的な仕組みです。

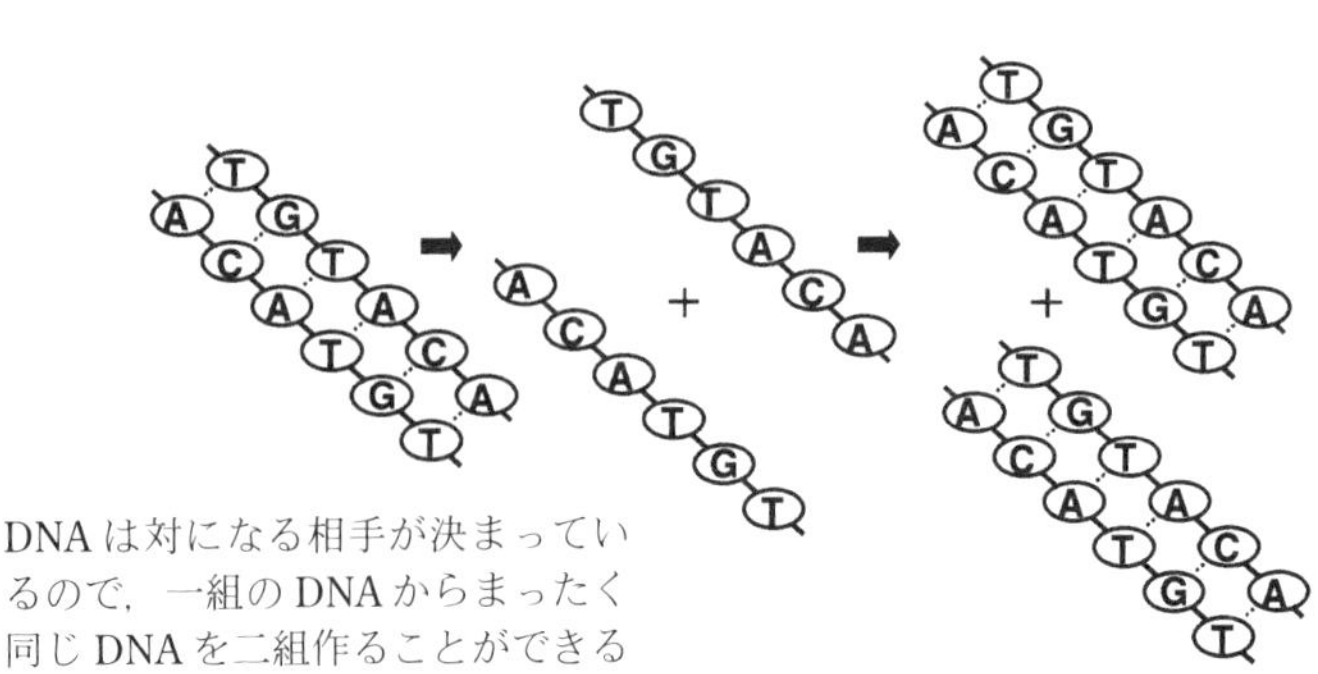

DNAは対になる相手が決まっているので，一組のDNAからまったく同じDNAを二組作ることができる

図4 DNAの遺伝

ワトソンとクリックによって発見されたDNAのこの構造により、遺伝の仕組みが単純・明快に説明できるようになりました。二十世紀最大の発見といわれるゆえんです。実際にはACGTの四文字のうち、AとT、CとGがいつも対を作っています。

生物によって、この文字の使われ方は多少偏りがあります。すなわち、例えばある種の生物はAやTを好み、別の生物はCやGを好むといったことはあります。しかし地球上の生物は、ヒトであろうと細菌であろうと、どんな生き物でもそのDNAの並び方が同じであれば、それによって決められているアミノ酸の並び方、すなわち作られるタンパク質も同じになります。

これはすべての生物が、アルファベットを用いた同じ言語、例えば英語を使っているようなものです。生物によってフランス語やスペイン語を使うことはありません。スペルが同じなら、同じものを意味します（例外もありますが）。したがって、ヒトの遺伝情報をもとにして大腸菌の中でヒトのタンパク質を作らせることもできるし、逆の場合も可能になります。バイオテクノロジーという言葉がよく使われますが、もし生物によって使う言語が違っていたら、これほどバイオテクノロジーが発達することはなかったかもしれません。

ゲノム情報

さてこのような一続きの長いＤＮＡの鎖が、細胞の中である特殊なタンパクと一緒になり、ひとかたまりになっていて、染色体とよばれています。教科書などによく写真が出ていますね。ある種の染料でよく染まるところから、染色体という名前が付けられました。普通の細胞では染色体は顕微鏡で見てもあまりはっきりしませんが、細胞が二つに分裂する直前の染色体は顕微鏡でハッキリと見えます。したがってこのときの染色体ＤＮＡは、ちょうど二倍になったときのものです。いくつかの本に、「染色体ＤＮＡはＸ型をしている」と書かれていますが、それは間違いです。ちょうど二倍になったときに、顕微鏡で見えやすいので間違われていますが、先にも書いたように、ＤＮＡは一本の鎖（実際には二本がより合わさった鎖）です。けっしてＸ型をしているわけではありません。

さてＤＮＡは四種類の記号で書かれているわけですが、この染色体ＤＮＡにわれわれの体を形づくるのに必要なすべての遺伝子が含まれます。染色体ＤＮＡの中に、たくさんの遺伝子がちらばっていることになります。一つの細胞が二つに増えるとき、染色体ＤＮＡも二倍になり、その二倍になった染色体がそれぞれの細胞に一個ずつ分配されます。このようにしてすべての遺伝子が子孫に

伝わりますので、これをまとめて、ゲノム
(genome) とよぶようになりました。遺伝子 (gene) のかたまりという意味です。
たとえれば染色体ＤＮＡは、ＡＣＧＴの四文字で書かれた辞書、あるいは百科事典のようなものであり、すべての遺伝子の情報がそこに含まれています。百科事典一冊に含まれる情報を、まとめてゲノムとよんでいるのです。毛を「黒色にする」とか「短くする」ためのそれぞれの遺伝子は、百科事典の項目に相当します。多くの場合、この各項目の情報を基にしてタンパク質が作られます。したがって遺伝子のＤＮＡの配列、すなわちＡＣＧＴの並び方が、タンパク質の設計図になるのです。

タンパク質は細胞を形作ったり、化学反応を起こしたり、生命を維持するためのさまざまな働きをします。細胞の中には、ＲＮＡというＤＮＡに似た物質もあり、両者をあわせて核酸とよんでいます。タンパク質以外にこのＲＮＡの情報もゲノムに含まれますが、その数はタンパク質にくらべるとそれほど多くありません。遺伝子といえば、ほとんどがタンパク質の設計図を指します。

細菌のタンパク質の遺伝子の数は、少ないもので一五〇〇種類ぐらい、われわれのお腹の中にいる大腸菌で、四〇〇〇種類ぐらいです。大体これぐらいの種類のタンパク質の働きで、細菌は増えて生きていくことができます。ヒトでは三万ぐらいのタンパク質を決めている遺伝子があるといわれています。ヌクレオチドの数、すなわちＡＣＧＴの数は前にも述べたように、約 3×10^9 (三〇億）と膨大なものになります。

ちなみにどれぐらいの情報量かというと、一冊一〇〇〇ページで、一ページに三〇〇〇文字が書かれている本を仮定すると、ヒトの場合、全部で一〇〇〇冊ほどになります。この「ネコと遺伝学」の本ですと、六万冊ほどにもなります。よく見かけるパソコンの三・五インチのフロッピーディスクの記憶容量は、普通一枚で一・四メガバイトあります。この一つのフロッピーディスクに目一杯ACGTの文字を書き込んだとすると、約一四〇万文字が書き込めます。すなわちヒトの細胞が持つDNAの情報量は、フロッピー二〇〇〇枚分（積み上げると七メートルぐらい）ということになります（図5）。

顕微鏡を使ってかろうじて見えるような小さな細胞のなかに、これだけ多くの情報が蓄えられています。さらに細胞が増殖するときには、それと正確に同じものが作られ、別の細胞、すなわち増殖分裂した細胞へと伝えられていくのです。

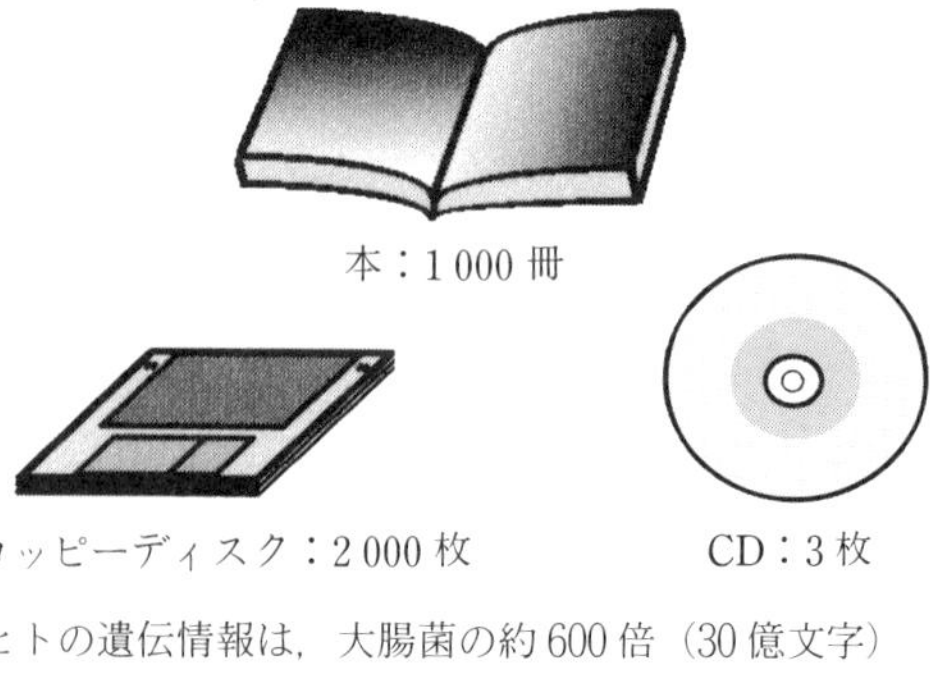

ヒトの遺伝情報は，大腸菌の約 600 倍（30 億文字）

図 5　ヒトの遺伝情報

相同染色体と遺伝

一つの細胞の中には、前に述べた一続きの染色体DNAが何本か存在します。しかもネコやヒトの場合、非常によく似た染色体が二つずつ存在します。この二本の染色体DNAには、さまざまな遺伝子が基本的にはまったく同じ順序で並んでおり、したがって一組の染色体DNAのACGTの文字の並び方は、ほとんど同じです（ほとんど同じということは、違う部分も多少あるわけで、これについては後で述べます）。

この二本の染色体の組を、相同染色体といいます。この二本の片方は父親から、もう片方は母親から受け継いだものです。われわれの体を作っているほとんどの細胞は体細胞とよばれ、この相同染色体DNAを一組ずつ持ちます（図6）。ネコの場合、一九組の染色体があり、ヒトの場合二三組の染色体があります（正確には、ネコでもヒトでも一組だけは非常に異なります。この一組が、雄か雌かを決めているのですが、これについても後で述べます）。

それに対して、精子と卵子は染色体DNAを一本ずつしか持ちません。受精により精子と卵子が一つになると、再び二本ずつの染色体DNAを持つ細胞ができて新しい個体、すなわち子供ができることになります。したがってすべての子供は、父親の遺伝子と母親の遺伝子とを、半分ずつ受け継ぐことになります。このように、われわれの体の細胞は染色体を一組ずつ持ちますので、毛の長さを決める遺伝子であろうと、毛を黒くする遺伝子であろうと、各遺伝子は二つずつ存在することになるわけです。

遺伝子を普通は記号を使って表します。例えば、毛を「短くする遺伝子」をLとし、Lが変化して毛を「長くする遺伝子」になったものをlとします。すると細胞の中には二つずつ遺伝子がありますので、LとL、Lとl、あるいはlとlのいずれかの組合せになります。いずれの場合もそれぞれ、一つずつ父親と母親とから受け継いだ遺伝子です。

このとき、LLとLlの組合せを持つネコの毛は短くなり、llの組合せを持つネコの場合だけ、毛が長くなります。Llの組合せのとき、長くする遺伝子lの性質は表には現れずに、短くす

図6　染色体の種類（核型）

る遺伝子Lの性質が表現型として現れます。このような異なるLとlの遺伝子の組合せを「対立遺伝子」といいます。毛長を長くするか短くするかという問題について，Lとlの意見が対立しているわけです。両者に力関係があり，Lとlが同時にあれば，lを抑えてLの意見が通ってしまい，毛は短くなります。この場合，Lはlに対して「優性である」といいます。すなわち，メンデルの法則の一つ，「優性の法則」です。逆にlはLに対して「劣性である」といいます（図7）。

もちろんこのような遺伝子はすべて子供に遺伝します。ですからLLとLL，またはllとllの両親からは，LLの子供またはllの子供のみが生まれます。そしてLLとllの両親からは，すべてLlの子供ができます。では，LlとLlの両親からはどのような子供が生まれるでしょうか。もし子供

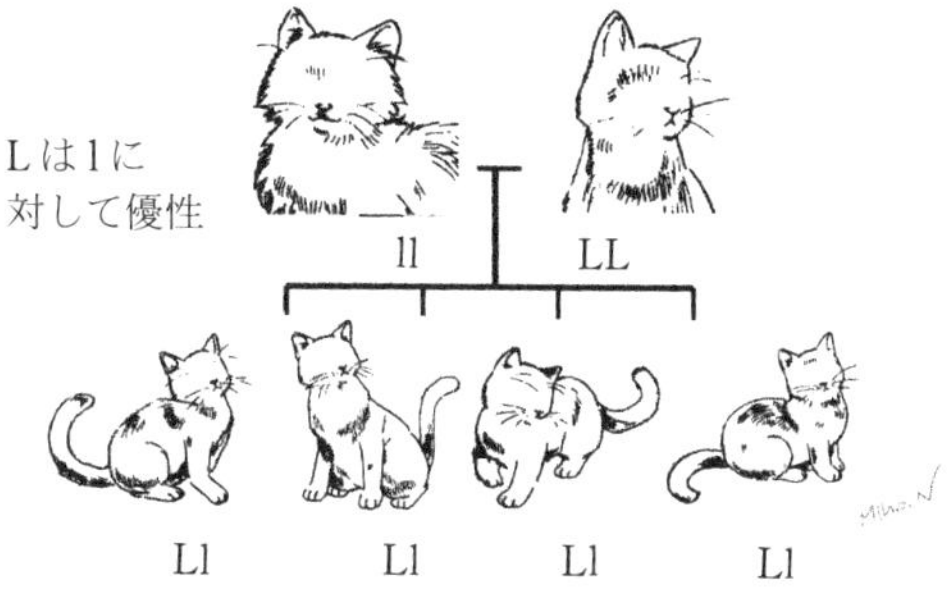

図7　優性の法則

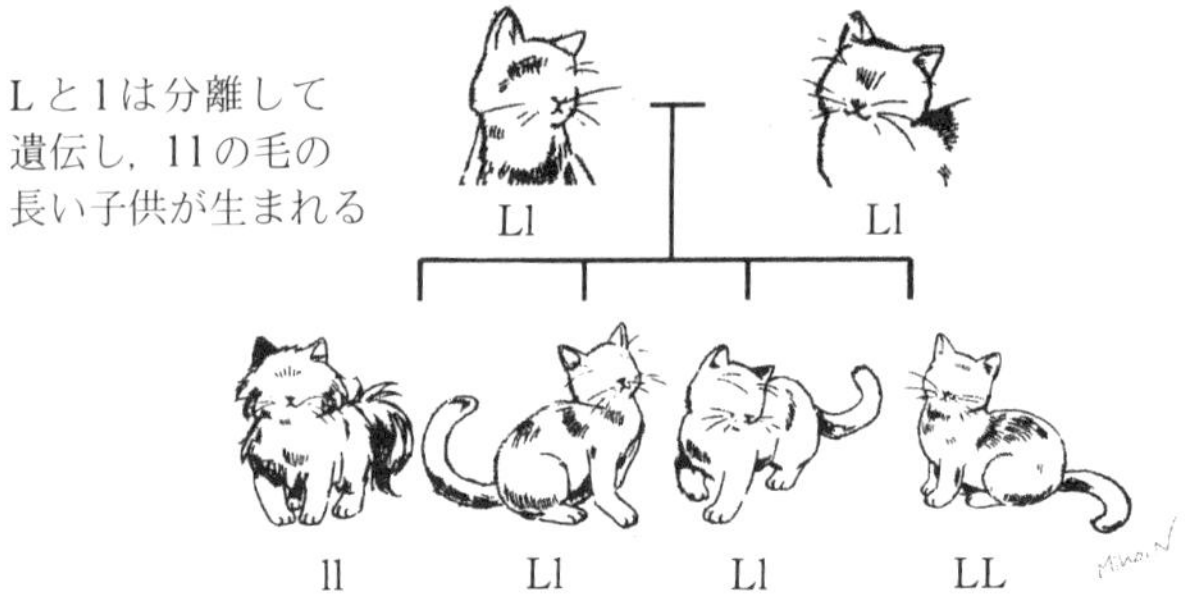
Lと l は分離して
遺伝し，ll の毛の
長い子供が生まれる
Ll
Ll
ll
Ll
Ll
LL

図 8　分離の法則

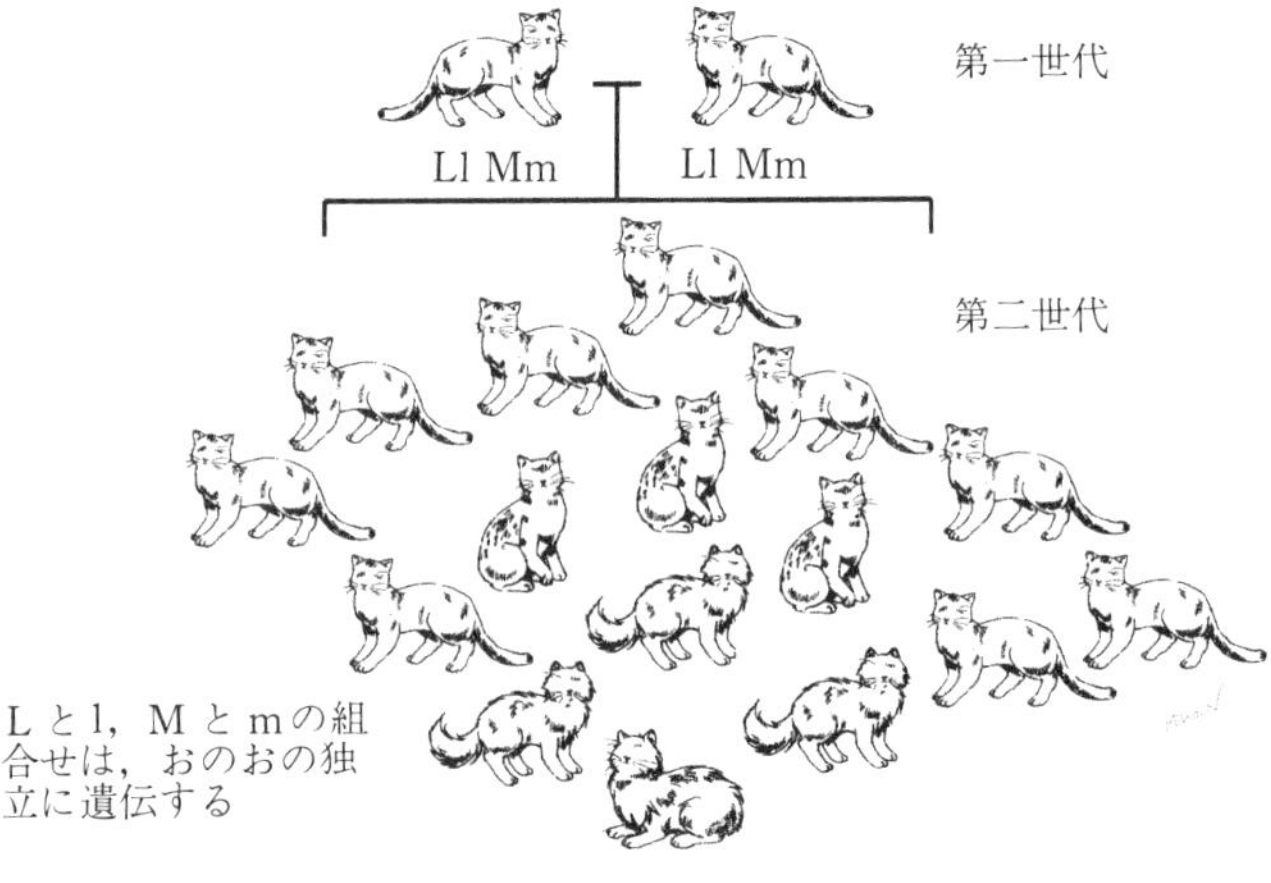
第一世代
Ll Mm
Ll Mm
第二世代
Lと l，Mと mの組
合せは，おのおの独
立に遺伝する

図 9　独立の法則

が四匹生まれたとすると、確率的にＬＬとｌｌが一匹ずつとＬｌが二匹生まれることになります。つまりｌｌの毛の長いネコが一匹と、短い毛のネコが三匹ということになります。このように親が持っていたＬとｌの各遺伝子が、別れて子供に遺伝します。これをメンデルの「分離の法則」といいます（図８）。ＬＬとＬｌのネコはどちらも毛が短く、見ただけではＬＬなのかＬｌなのかはわかりません。

また毛が長いネコ、短いネコ、しっぽが長いネコ、短いネコの場合、毛の長さを決める遺伝子としっぽの長さを決める遺伝子とは、おたがいに無関係に子供に遺伝します。これをメンデルの「独立の法則」といいます（図９）。

しっぽの曲ったネコ、しっぽのないネコ

ではこのしっぽの長さを決めている遺伝子とは、どのようなものでしょうか。いまは、国内でしっぽの長いネコを普通に見かけます。しかしながら、日本でしっぽの長いネコが増えたのは、最近のことです。それまでは、日本のネコといえばしっぽが短いもの、もっと正確にいえば、しっぽが短く曲っているものと決まっていました。尾曲りネコとよばれています。このような昔ながらのしっぽの曲った日本ネコは、いまでも欧米ではジャパニーズボブテールとよばれ、めずらしがられて

います。しっぽが五～一〇センチでくるりと丸まっていま
す。ボブテールとは、ちょん切れた房のようなしっぽとい
う意味です（図10）。

この曲ったしっぽは、しっぽの骨の奇形で、一つの遺伝
子の変異によるものです。遺伝子の本体、すなわちどのよ
うなタンパク質の設計図が変化しているのかは、まだ明ら
かにはされていません。しかし劣性の変異によるものであ
ることはわかっています。例えばしっぽを曲げる遺伝子を
TとtでT表すとすると、TTやTtは普通のしっぽで、t
tのときにのみ、しっぽが曲ります。したがって、普通のしっぽの遺伝子を持つネコとの交配によ
り、すぐに消えてしまいます。

つまりしっぽの曲ったネコと、普通のしっぽのネコの子供は、すべて普通のしっぽのネコになり
ます。両親ともにしっぽが曲ったネコの場合のみ、しっぽが曲った子ネコが生まれます。しっぽは
普通だけれど、Ttの遺伝子を持っている場合は、相手がしっぽの曲ったネコ（tt）のときにだ
け、二匹の間に生まれてきた子ネコの半分が、しっぽの曲ったネコになります。ですから自然な状
態では、しっぽの曲ったネコは徐々にいなくなってしまうはずです。

図 10　ジャパニーズボブテール

では、なぜ昔は日本でこのような劣性の変異による、しっぽの曲ったネコが非常に多かったのでしょうか。日本でも大昔は、しっぽの長いネコが普通でした。江戸時代より前に書かれた本に出てくるネコは、普通の長いしっぽを持っていました。ところが江戸時代に、たまたま突然変異でしっぽの曲ったネコが生まれました。人々はしっぽの曲ったネコを大変好んだため、そのようなネコが増えていったのです。このような人間による意図的な選択がなければ、劣性の変異が大勢を占めることはありません。

どうして江戸時代には、曲ったしっぽが好まれたのでしょうか。それの理由の一つとして、化けネコ伝説の影響が考えられます。昔から化けネコの民話、伝説の類いは多くあります。普通のネコが長生きをして年をとり、あるとき化けネコに変わる話が多いのですが、面白いことに化けネコはたいていの場合、しっぽが二本あることになっています。したがってしっぽが初めからなければ、飼いネコが化けネコになることはありません。

また、ほかの動物のしっぽとくらべるとわかるように、ネコのしっぽは、じつにくねくねとよく動きます。まるでへびのようです。この動きが気味悪がられ、化けネコ伝説にもなり、しっぽのないネコが好まれたのでしょう。実際、子ネコが生まれるとすぐに、そのしっぽを切ることも行われたようです。ですからしっぽが短く、曲ってかわいらしく丸くなったネコが現れたとき、人々は非常に好んで大事にしたというのは、よくわかります。

このようにして江戸時代に、ほとんどしっぽが丸くなったネコばかりになったのです。その後、明治時代から後になって、欧米から普通のしっぽのネコがやってきて、特に都会の方で西洋のネコが飼われだしました。そして彼らが野良ネコなどになり、あっというまに普通のしっぽのネコが増えました。その理由は初めに書いたように、この遺伝子が劣性であるためです。しかし、いまでもちょっと田舎の方に行けば、丸いしっぽのネコに会えます。田舎では、外来種のネコが少ないためでしょう。

さて、ジャパニーズボブテールも有名ですが、もう一つよく知られているしっぽのないネコがいます。それは、マンクスとよばれる品種で、こちらはしっぽがまったくありません。アイルランド海峡のマン島が出身といわれ、そのためこの名がつけられました（図11）。

マンクスの場合は、「優性の変異」です。すなわち相同染色体上の一対の遺伝子のうち、一つでもこの変異であれば、しっぽがなくなります。したがって、ジャパニーズボブテールと違って、子孫を残しやすいのです。ただ、こちらも問題があって、この優性変異は非常に強いため、この変異を二つ持つネコはまともに生まれてきません。

図 11　マンクス

すなわち、例えばしっぽをなくす遺伝子をMとして、普通のしっぽの遺伝子をmとすると、マンクスにはMmとMMの可能性がありますが、このうちMMは生きられないのです。すなわち、実際にいるしっぽのないマンクスはMmのみなので、両親がマンクスであっても生まれてくる子ネコは、しっぽのないマンクスとは限りません。四匹子ネコが生まれたとしても、一匹はMMで死んでしまい、一匹はmmで普通のしっぽの子ネコであり、残りの二匹、すなわち半分がMmのマンクスとなります。マンクスの子ネコが欲しいと思っても、思うようにはいかないわけです。ただ劣性変異の場合は、その変異は自然交配によっては消えてしまうことが多いのですが、優性の変異では変異種は残りやすくなります。

前にも出てきた、耳が後ろに反り返ったアメリカンカールも、耳が前にペタンと折れ曲ったスコティッシュフォールドも、どちらも優性の変異です。したがってマンクスと同じように、父親または母親のどちらか一方から変異遺伝子を受け継げば、子ネコの耳は曲ります。アメリカンカールの子ネコは、生まれてから一二週ぐらいから耳が反り返りはじめて、一六週ぐらいでほぼ完全にカールします。

一方スコティッシュフォールドの子ネコは、四週目ぐらいから耳が折れ曲りはじめて、一二週ぐらいまでには、ほとんどが曲るそうです。父親と母親の両方から変異遺伝子を受け継いだ場合、アメリカンカールの子ネコの健康には問題ないそうです。それに対してスコティッシュフォールドの子ネコでは、マンクスの場合と似ており、骨に異常が生じるため歩行に障害が見られたりするそうです。そのためスコティッシュフォールドを交配させるときには、両親ともに耳の折れた組合せは避けるそうです。

2　子ネコの親は？

ネコの親戚

　さてここでちょっと家ネコのルーツを考えてみましょう。私たちが普通、家で飼っているネコは家畜化したネコです。町中で見かける野良ネコも、もとは飼われていたネコです。それに対し野生のネコは、野生ネコあるいはヤマネコとよばれます。家畜化した家ネコも、もとはヤマネコであったものを飼い慣らしたものです。だいたい紀元前二〇〇〇年以上も前から、ネコは飼われていたようです。

　この家ネコの祖先は、現在のリビアヤマネコであると考えられています。リビアヤマネコは野生のネコですが、家ネコとあまり大きさも変わらないし、交配して子供を作ることもできます。このことから、同じ種であることがわかります。種が違えば、子供はできません。もともと家ネコはネズミから収穫した穀物を守るために、家畜化されたと考えられています。しかし家ネコをきちんと管理して、人間の好みでさまざまな品種を作るようになったのは、せいぜい一〇〇年くらい前からのようです。

よくいわれることですが、ネコは非常に気位が高く気紛れで、ヒトと共同生活をしているといっても、飼われているという意識が非常に少ないようです。これはイヌと比べるとたいへんな違いです。ネコもイヌと同様に肉食動物で、ネコとイヌは遠い遠い親戚です。イヌの方がヒトに飼われだしたのは古いようで、ヒトとの共同生活も非常に密接です。そのため現在のイヌの種類を見てもわかるように、ヒトによってさまざまな品種が作り出されています。セントバーナードのような大型のイヌからチワワのように非常に小さなイヌまで、さまざまな品種が作り出されてきました。それに対してネコはせいぜい毛色が少し変わっているぐらいで、大きさにそれほど差はありません。ネコがヒトに飼われているというよりも、半共同生活のパートナーであったことの証でしょう。

一般に自然に生息する動物（種）は、その大きさや毛色などにはそれほど種類はなく、みな同じような色や形をしています。体形や毛色などにさまざまな違い、すなわち多様性が見られるのは、家畜の特徴です。人為的に選択がなされているためです。

しかしながら、長い年月を経た進化の後をたどれば、自然界にはいろいろなネコの親戚がいます。ヤマネコのなかにもいろいろな種類がいて、家ネコの親戚とは信じられないようなヤマネコもいます。家ネコは寒がりで水を嫌うといわれていますが、水泳の得意なヤマネコもいますし、雪の降るような地域に住んでいるヤマネコもいます。

種は違いますが、例えばライオンやトラやチーターなどもネコの親戚です。これらをまとめて、ネコ科動物とよんでいます。ネコ科動物の特徴として、チーターを除いてみな爪を出したり引っ込めたりすることができます。木登りも得意です。チーターは最も早く走ることができる動物として知られています。チーターが爪を引っ込められないのは、チーターをスパイクシューズを履いたネコと考えればいいでしょう。だからこそ、早く走ることができるのです。

ほかにはヒョウ、ピューマ、ジャガーなどがいます。トラはネコ科動物のなかでは最大ですが、ライオンもトラに匹敵するぐらい大きいネコ科動物です。昔からどちらが強いかがよく話題になったようで、実際に戦わせたこともあるようです。しかし、自然界では住む地域が異なるので、トラとライオンが戦うことはありません。このような多様なネコ科の動物たちも、もとは同じ祖先から進化したものです。その進化の過程もわかっています。このような進化の過程を家系図のように表したものを、系統樹といいます（図12）。横軸が年代を表しています。

前に、ネコの染色体の数は一九対（三八本）であると書きましたが、ライオンやトラ、チータなどの同じネコ科の親戚も、一九対の染色体を持ちます。ただし、ヤマネコの中には、オセロットや

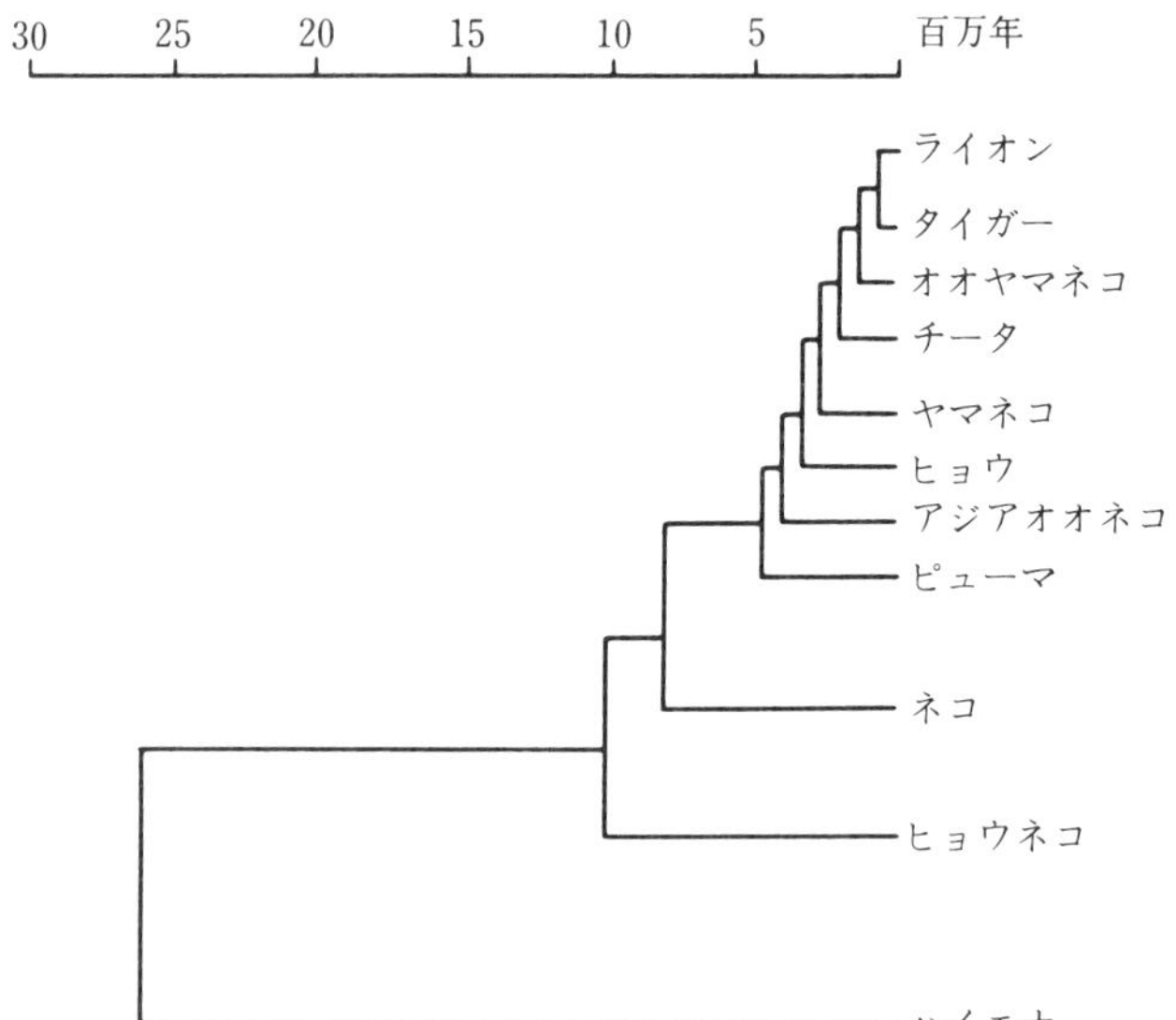
30
25
20
15
10
5
百万年
ライオン
タイガー
オオヤマネコ
チーター
ヤマネコ
ヒョウ
アジアオオネコ
ピューマ
ネコ
ヒョウネコ
ハイエナ

図 12 系　統　樹

パンパスキャットなどのように染色体が一八対（三六本）のものがいます。これらはいずれも面白いことに、南米にいるヤマネコです。この地域では、進化の過程で二つの染色体が一つになって、本数が少なくなったヤマネコが出現したと考えられます。

さて図に書いたような進化の過程は、どのようにしてわかるのでしょうか。以前は、この進化を調べるには化石などから共通の祖先を類推したり、現存種のどれとどれが形が似ているから近いとか遠いとかで、判断していました。もちろんこれはかなりあいまいで、少なくとも役に立つ化石が見つからなければ話になりません。

ところが最近は化石がなくても進化の過程が類推できるようになりました。それにはDNAの配列を使います。DNAは少しずつ変化していきます。前に述べた、変異とよばれる現象です。

例えば、「はははにはいいいろにははいいろに」というのが「ははにはいろいろにははいいろに」となってしまうようなものです。もちろんその変化が生き物にとって困るようなものだった場合、その生き物は死んでしまいます。しかしそんな変化は少しも困らない場合もあるし、場合によってはその生物にとってより望ましい結果をもたらす変化もあります。そのようにしてさまざまな生物は進化してきました。したがってDNAを比べて見れば、どれだけ変化したのかがわかります。

例えばAとBとCの三種のネコ科の動物を比べたとき、AとBは同じ遺伝子を持っているが、Cは少し違った遺伝子を持っていたとします。すると、AとBは近い親戚で、Cは少し遠い親戚であることがわかります。すなわち、進化の過程でCがまず別れて、それからAとBが別れたということになります。

このようにして調べた進化の結果を、「分子進化」とか「化学進化」とよんでいます。DNAの配列を調べることにより、進化の過程がより正確にわかるようになったのです。

親子鑑定

子ネコはだいたい六五日、すなわち二か月ちょっとで生まれるそうです。授乳期間は二か月弱で、五〇日ぐらいで親離れし、だいたい一年でおとなのネコになります。ヒトと同じく、雌の方が早熟で七〜一二か月、雄は一〇〜一四か月で思春期を迎えます。そのあとはだいたい一年がヒトの五年に相当し、平均寿命は一二年ぐらいだといわれています。しかし三〇年以上長生きしたネコもいるそうなので、ヒトでいえば、平均寿命が七〇歳ぐらいなのに、二〇〇歳近くまで生きることになります。このあたりが化けネコの伝説が生まれる原因かもしれません。

もっとも、きちんと飼育されている場合、平均寿命は二二〜二三年という説もあるので、大事に世話をしてやれば長生きするようです。ある母ネコは生涯に一〇〇匹を超える子ネコを産んだそうです。普通一回に四〜五匹の子ネコが生まれますが、多いときには一〇匹くらい生まれることもあるようです。

この子ネコたちは必ず親の形質を受け継ぎます。両親がともに毛が長いときは、必ず毛の長い子ネコが生まれます。しかし逆に、両親がともに毛が短くても、子ネコは毛が短いとは限らないのは、前に書いたとおりです。両親の毛が短いのは、ＬＬなのかＬｌなのかは見ただけではわからないので、毛の短い両親から毛の長い子ネコが生まれる可能性もあります。すなわち、両親がともにＬｌの場合、ｌｌである毛の長い子ネコも、四分の一の確率で生まれることがあるわけです。

一方、毛が長い母親から、毛の短い子ネコが生まれたら、父親は必ず毛が短いはずです。ｌｌとｌｌの両親からは、絶対に毛の短い子ネコ、すなわちＬＬまたはＬｌは生まれません（図13）。このような遺伝的な表現型を比べることにより本当に親子かどうかの判定、すなわち親子鑑定ができます。

一つの遺伝子で決まる表現型は、Ｌとｌのように、二つだけとは限りません。もとは同じであった遺伝子が少しずつ変化していて、三つ以上の表現型を示す例がいくらでも

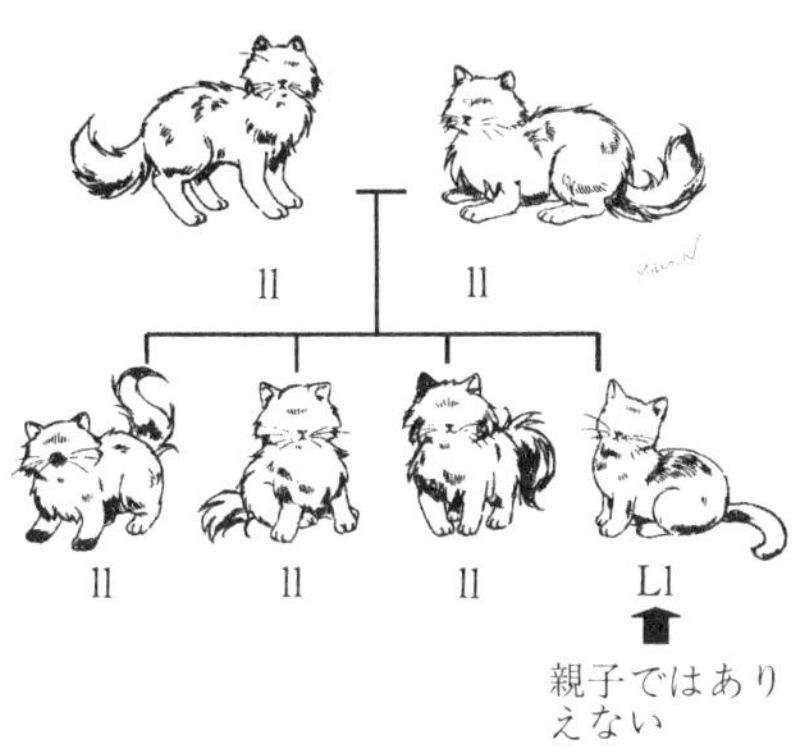

図 13　親子鑑定

あります。これを多型（遺伝子多型）といいます。よく知られているこの多型の例として、血液型があります。

ヒトの血液型の一つに、ＡＢＯがあります。よく知られているようにＯ型の血液型を持つ両親からは、Ｏ型の子供しか生まれません。これはＯとＯの遺伝子を持つ人だけがＯ型の血液型になるためです。一方、Ａ型あるいはＢ型の血液型の人にはＡＡとＡＯ、ＢＢとＢＯのそれぞれ二通りの可能性があります。ＯはＡまたはＢに対して劣性であるため、相同染色体の片方がＯの遺伝子でもＡ型またはＢ型になるためです。したがってＡ型の両親からＯ型の子供が生まれる場合もあります。Ｂ型でも同様です。

Ａ型とＢ型の両親からは、すべての組合せの子供が生まれる可能性があります。一方、Ａ型の両親、またはＡ型とＯ型の両親からはＢ型の子供は生まれません。逆にＢ型とＯ型の場合も同様です。ＡＢ型はＡとＢの遺伝子を持っているので、両親の片方がＡＢ型ならＯ型の子供は生まれるはずはありません。

このように本当の親子であるかどうかを鑑定する方法として、遺伝学的にはっきりとわかっている表現型が用いられます。ヒトの場合、ＡＢＯ以外のさまざまな血液型、例えばＭＮ式やＰ式やＲｈ式なども鑑定に用いられます。もっと簡単な鑑定法の例として、先に述べたような、耳垢が湿ったタイプか乾いたタイプかといったことも用いられています。

ただこれらの方法では、いくつかの組合せで調べてみて、もしつじつまが合わなければ、親子でないといえますが、合っているからといって確実に親子であるとは断定できません。ある確率で、親子らしいといえるだけです。したがって調べる項目が多いほど、より確からしくなります。

最近ではもっと正確に、直接ＤＮＡの並び方の特徴を比べて、判定する方法（ＤＮＡ鑑定）が用いられるようになりました。この方法では、非常にたくさんの組合せを、より早く正確に判定できます。これについては、後でもう少し詳しく述べます。

ネコの血液型

ヒトの血液型の代表はＡＢＯです。これはいま述べたように、一つの遺伝子が少しずつ違っていることによるものです。この遺伝子は血液中にある赤血球の、その表面にあるタンパク質の性質を決めています。その性質が少しずつ違うため、結果として三種類の赤血球ができます。

Ａ遺伝子はＡ型の印（糖鎖）、Ｂ遺伝子はＢ型の印（糖鎖）のついたタンパク質からできている赤血球を、それぞれ作ります。ＡＢ型のヒトでは、Ａ型とＢ型の両方のタンパク質を持った赤血球が作られます。Ｏ遺伝子は、印をまったく持たないタンパク質からできている赤血球を作ります。この血液型を決めている印が、輸血のときに重要になってきます。

抗体という言葉を聞いたことがあるでしょう。ヒトやネコなどの場合は、外からウイルスなどの異物が侵入すると、それを攻撃してくれるタンパク質を持っています。それが抗体です。われわれの体の中には、ふだんから無数の抗体が用意されています。

輸血の際にも、自分と違う血液型の赤血球が入ってきた場合には、それが異物になることがあります。A型のヒトは、B型の赤血球に対する抗体を持っています。逆にB型のヒトは、A型の赤血球に対する抗体を持っています。O型のヒトは、A型とB型の両方に対する抗体を持っています。外から自分にはない血液型の赤血球が入ってくると、抗体はその赤血球を攻撃します。

AB型のヒトは、自分がA型とB型の赤血球を持っているので、どちらの型に対する抗体もありません。ですからAB型のヒトにはどの型の血液も輸血できますが、O型のヒトでは、A型もB型もAB型も輸血できません。A型のヒトにはB型およびAB型が、またB型のヒトにはA型およびAB型の血液は輸血できません。ちなみに日本人の場合には、AとBとOとABのそれぞれの型は、約四〇、二〇、三〇、一〇%の割合だそうです。

ネコにも当然ながら血液型があります。やはりAとBで表される型が最も一般的です。ただし、ヒトの場合と異なり、A遺伝子とB遺伝子は同時には機能できません。相同染色体のそれぞれにAとBがあるときには、Aの型が現れます。

つまり、毛の長さのLやlと同じく、AはBに対して優性です。ですからヒトの場合のような、

Ａ遺伝子とＢ遺伝子の両方が発現している、ＡＢ型というのはありません。実際には、まれにＡＢ型のネコが見つかることがあるそうですが、その遺伝的理由はわかっていません。しかもネコの場合、Ａ遺伝子もＢ遺伝子も両方が機能していない、すなわちヒトのＯ型に相当する血液型もありません（図14）。

一九九一年のアメリカの研究者の論文によると、通常の飼いネコでは、Ｂ型に比べてＡ型のネコが圧倒的に多いそうです（九九・七％）。ただ血統書付きのネコの場合は、種類によってはその比

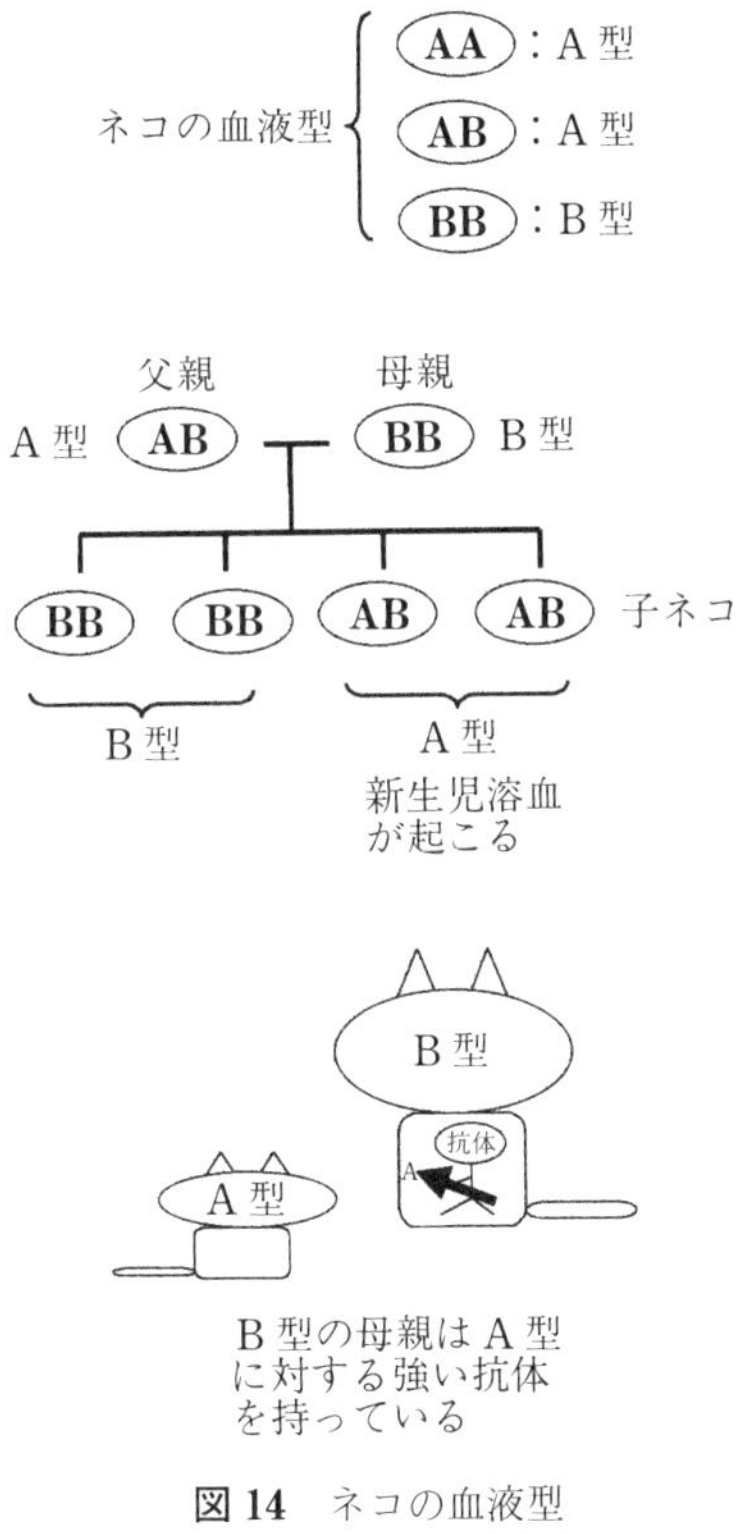

図 14　ネコの血液型

率が違います。シャムネコやアメリカンショートヘアーには、B型がいないそうです。

スコティッシュホールドやバーマン、ペルシャネコなどでは一五～二五％でB型が、またブリティッシュショートヘアーなどでは半分ほどがB型だそうです。AAとABがA型で、BBのときにのみB型になりますので、ペルシャネコの場合二五％がB型であるということは、A遺伝子とB遺伝子の比率は約一対一ということになります。ブリティッシュショートヘアーの場合は、B遺伝子の比率がA遺伝子より高いことになります。

このように、血統書付きのネコの場合はA遺伝子とB遺伝子の比率は、ずいぶんと開きがあります。B型の場合は、必ずB遺伝子のみを持っています。したがって両親がともにB型の場合は、子ネコはすべてB型です。子ネコの血液型を調査した論文によると、B型どうしのネコの交配によって生まれた五六匹の子ネコは、確かにすべてB型だったそうです。

それに対して、AAとBBの両親から生まれる子ネコは、ABを受け継ぐのですべてA型になります。ABを持つA型とBBを持つB型の両親からは、A型とB型が半分ずつ生まれるはずですね。実際に六五匹対六七匹だったそうです。ABの遺伝子を持つA型の両親からは、A型とB型の子ネコが三対一で生まれるはずです。交配の結果は二八匹対一一匹でした。このように、ネコの血液型もきちんとメンデルの法則に従っていることがわかります。

通常の飼いネコではB型が非常に少ないのであまり問題になりませんが、ブリーダーたちが扱うネコのようにB型が多い場合、特にB型の母親が子ネコを生むときには、気を付けなければならないことがあります。それは「新生児溶血」という現象が起こって、生まれてきた子ネコがすぐに死んでしまうことです。

新生児溶血とは、生まれたばかりの子供の血管がつまって死んでしまう病気です。ヒトの場合はこのような現象は起こりません。B型の母親ネコに特徴的な現象です。このとき父親のネコがAA遺伝子を持つ場合、生まれてくる子ネコはすべてA型になります。AB遺伝子の場合には、子ネコはA型とB型が半分ずつになります。これらのA型の子ネコが、新生児溶血になります。B型の場合は問題がありません。

どうしてこのようなことが起こるのでしょう。それは血液型に対する抗体のせいです。先ほど述べたように、母親であるB型のネコは、A型に対する抗体を持っています。このA型に対する抗体がとても強いのです。抗体は血液だけでなく、母乳にも含まれます。抗体はタンパク質なので、腸などの消化器系がきちんと働けば、普通は母乳の中の抗体は消化分解されます。

しかし生まれたばかりの子ネコは、まだ消化器系が不完全な状態です。そこで母親の母乳を飲むと、母親が持っている抗体まで身体の中に入ってきます。その結果、抗体は血液中のA型赤血球と反応してしまいます。すると血管がつまり壊死が起こり、最後は死んでしまいます。この新生児溶血は、母親の授乳をさけてやれば防ぐことができます。すなわち、人工ミルクで育てるか、A型の乳母に育ててもらうかのどちらかにすればいいのです。血統書付きのネコを育てているブリーダーたちは、なるべくB型の母親は避けるようにしているそうです。

兄弟の遺伝子は同じか

われわれヒトやネコなどは、父親の精子と母親の卵子とが受精することによって生まれます。このような遺伝の仕方を、有性生殖といいます。有性生殖をする生き物は、同じ染色体DNAを二本ずつ持っています。前に述べた相同染色体です。この二本は、おのおの父親と母親からそれぞれ一本ずつ受け継いだものです。

では、父と母から染色体をそれぞれ受け継いだ兄弟の染色体は、みなまったく同じかというとそうではありません。父も母も、それぞれの父と母、すなわち祖父と祖母から染色体を受け継いでいるので、そのどちらかを子供は父と母から受け継ぐことになります。したがって、同じ兄弟でも例えば、兄は母方の祖母の染色体を、妹は母方の祖父の染色体を受け継ぐこともあります。どちらの染色体を受け継ぐかは、まったくの偶然です。

ネコでは染色体の数が一九対、ヒトでは二三対あるので、その組合せによって、兄弟でも少しずつ母や母方の祖父母に似ていたり、父や父方の祖父母に似ていたりするわけです。染色体の数が多いと、その組合せだけでもかなりの多様性が生じます。

ではもし染色体の数がもっと少ない場合はどうでしょうか。例えば、東南アジア産のある種のシカは、染色体を三対しか持っていないそうです。それでは子供に伝わる遺伝子の組合せパターンは、二の三乗＝八通りしかないのでしょうか。

実際にはそうではないのです。じつは父親あるいは母親が持っている一対の染色体のうち、片方だけがそっくりそのまま、子供に受け継がれるわけではないのです。相同染色体の対が、離ればなれになって一本ずつになり、精子や卵子ができるとき、一対の染色体はいくつかの部分を交換してから、離ればなれになることが知られています。これを「交叉《こうさ》」といいます（図15）。交差点の交差と同じ意味ですが、遺伝子の場合こちらの漢字を使います（本書では以下、「交さ」と

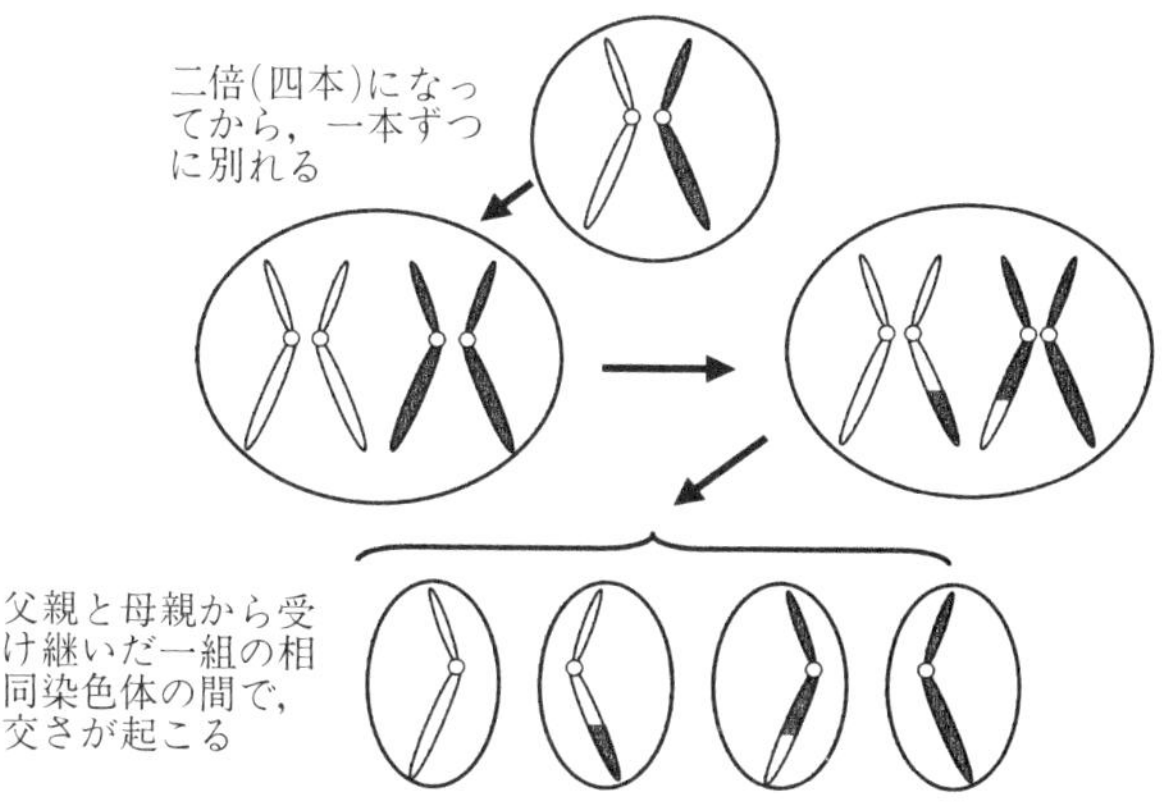
二倍(四本)になってから，一本ずつに別れる
父親と母親から受け継いだ一組の相同染色体の間で，交さが起こる

図 15　交　さ

します）。父親あるいは母親が持っている一対の染色体は、もともと祖父母からそれぞれ受け継いだものです。したがって交さの際には祖父と祖母の染色体が混じりあって、まごに伝わることになります。

この交さという現象により、有性生殖をする生物は、非常に多くの多様性を生みだすことができるようになったのです。ですから同じ兄弟姉妹でも、それぞれが二組の祖父母からさまざまな組合せで、遺伝子の一部ずつを受け継いでいるわけです。この交さという現象が血のつながり、すなわち家系を考えるうえで重要になってきます。これについては後でまた述べるので、交さという現象を覚えておいてください。

一卵性双生児と遺伝

一方、普通の兄弟姉妹とは異なり、一卵性双生児の場合は、受精卵が分裂する途中で別れて、二つの個体ができるので、おのおのの個体が持っている遺伝子はすべてまったく同じです。もちろん後天的な性質、すなわち育った環境の違いによる性格や、体格などは異なる場合があります。しかし、遺伝子によって決定される表現型は同じになります。

例えば、指紋は個人を同定するのに使われる有名なパターンであり、終生変わらないとされています。もちろんこのパターンも遺伝子が決めているので、環境によって変わったりはしません。ですから、若いときの指紋も年をとってからの指紋も同じです。年をとっても変わることがないので、たとえ殺人犯が一五年の時効寸前で捕まっても、指紋が有力な証拠となります。

このように、指紋は遺伝子によって決まっているので、一卵性双生児の場合には指紋も同じになるはずです。しかしながら、実際は違っています。男性の一卵性双生児の場合は、確かに非常によく似ています。でもよく似ているけれど、専門家が見ると少し違うそうです。筆者も知合いの双子の男の子の指紋を採らせてもらって、比べてみました。非常によく似てはいるが、少し違うような気がしました。もっとも筆者は指紋の専門家ではないので、当てにはなりませんが。とにかく、微妙に違いがあるそうです。

では指紋のパターンは遺伝子によらないのでしょうか。そんなはずはありません。遺伝子に書かれている設計図によって決まっているはずです。現に、一卵性双生児の男子の場合はきわめて似ています。これは遺伝子の情報が同じだからです。では微妙に違うのはなぜでしょうか。遺伝情報のなにが違うのでしょうか。なんらかの理由があるはずです。

先に書いたように、ＤＮＡはＡＣＧＴの四文字で書かれています。双生児の場合はこの文字の並び方はまったく同じです。しかしじつは、表現型（いまの例では指紋のパターン）というのは、この文字の並び方だけで決まるのではないのです。ＡＣＧＴの四文字で書かれたのは、単なる部品の設計図です。この設計図を元に、どれだけ製品（タンパク質）を作るかはまた別の問題です。どれだけ作るかも、染色体DNAの四文字の並び方で記載されているはずですが、しかし、ACGTの並び方以外にも、どれだけ製品を作るかを決めている要素があります。

その一つとして、DNAにところどころについている印が重要になります。その印のつき方によってタンパク質をどれだけ作るかが決まることがあるのです。実際にはメチル基という印が使われています。例えば前に挙げた例の「ははにははいいいろにははいいいろに」でいえば、「ははにはいいいろにははいいろに」となっているようなものです。場合によっては「ははに**ば**いいいろにははいいろに」となっているかもしれません。

もちろんこの印も基本的には親から子に伝えられます。しかしたまに印が外れてしまったり、さらに余分に付け加わったりすることがあります。そのためにDNAの配列が同じであっても、作られる製品の量が微妙に違ってきます。指紋のパターンがごくわずかに異なるのは、このためではないかと考えられています。

一方、女性の一卵性双生児の場合は、指紋の形がかなり違います。やはり知合いの女性の一卵性双生児の指紋を、見せてもらったことがあります。この場合は、素人の私でもハッキリと違うことがわかりました。この理由については、後で三毛ネコの毛色のところで詳しく述べます。

クローンネコ

受精卵、すなわち一個の細胞から、ヒトやネコのような複雑な個体が発生します。すなわち、最初の一個の細胞の中に、個体を作るためのすべての情報が含まれています。それがゲノムとよばれる、DNAの配列であることはすでに述べました。ところで、例えばヒトは10^{14}個くらいの細胞でできているといわれています。これらは同じゲノムをもっています。ということは、これらをバラバラにして、もう一度個体を作らせれば、無数の同じ個体を作ることができるはずです。

その個体は、一卵性双生児と同じく、すべての遺伝情報は同じになります。そのような個体を、クローンとよびます。クローン動物とは、まったく同じゲノム情報をもった動物のことです。残念ながら、いまのところバラバラにした細胞は、そのままでは分裂させてもう一度個体にまですることはできません。しかし、ちょっと工夫をしてやると、クローン動物を作ることができるようになりました。

それは核（ゲノム）だけを別の卵のものと入れ替えて、個体にまで発生させてやるのです。核を入れ替えた卵を、ホルモン処理で妊娠のような状態にした代理親の子宮に入れて、子供を産ませるのです。核（ゲノム）は、身体のどの細胞のものでも同じですので、基本的にはいくらでもクロー

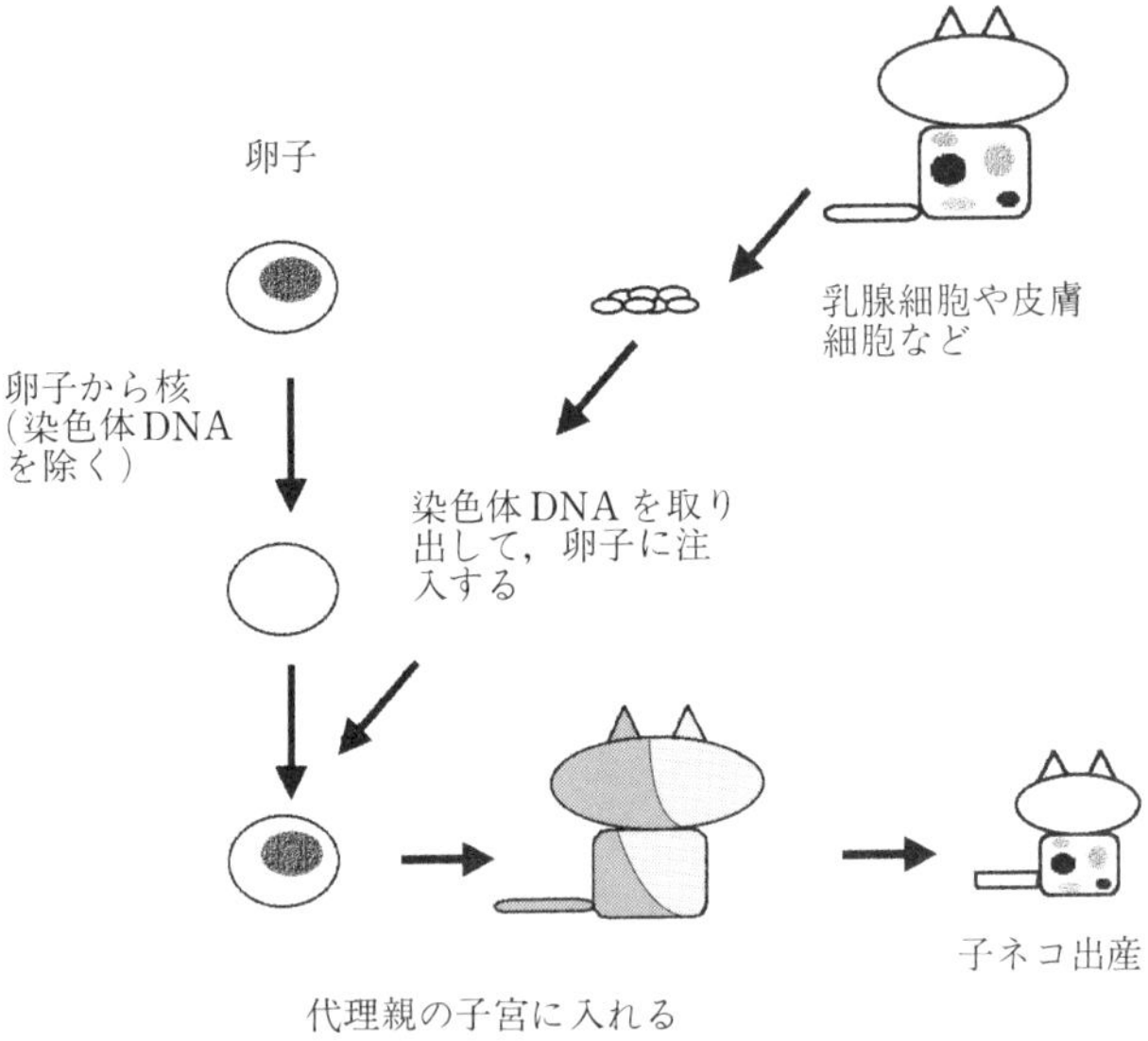
卵子
乳腺細胞や皮膚
細胞など
卵子から核
(染色体DNA
を除く)
染色体DNAを取り
出して，卵子に注
入する
子ネコ出産
代理親の子宮に入れる

図 16　クローンネコの作成

ン動物を作ることができます。このようなやり方で、一九九六年にヒツジではじめてクローン動物が作られました。それ以来、ハツカネズミやウシ、ヤギ、ブタでつぎつぎとクローン動物が作られました。

そして二〇〇一年の一二月に、クローンネコも初めて誕生しました（図16）。この子ネコの場合は、白と茶とキジの三毛ネコのゲノムと入れ替えた卵が、茶とキジの二色の代理親の子宮に入れられました。胎児はすくすくと育ち、六六日後に帝王切開で子ネコを取り出したそうです。子ネコは非常に元気で、まったく正常でした。ゲノムも間違いなく提供者のものと同じであることは、後で述べるＤＮＡ鑑定によって確かめられました。ただ、ゲノムの提供者は三毛ネコですが、クローンネコは二毛ネコでした。その理由については、三毛ネコのところで話します。いずれにしても、クローンネコやクローンイヌが簡単に作られるようになると、ひょっとしたら近い将来、ペットショップで売られる日がくるかもしれません。

3　ネコが殺人犯を告発した?!

殺人犯とネコ

ネコは昔から知性が高く、ヒトの言動もよく理解しているのではないかと思われています。エドガー・アラン・ポーの「黒猫」以来、推理小説にはネコがよく登場します。日本でも、「猫は知っていた」という題名の作品で、一九五七年にデビューした有名な女流推理小説家がいます。彼女はほかにもネコを題材にした推理小説をいくつか書いています。実生活でもネコ好きだったことで有名です。推理小説家には、ネコ好きが多いようです。アメリカでは、ネコが登場する短編ばかり集めた、「猫の事件簿」というシリーズものもあります。このように、ネコとミステリーとは非常に相性が良いようです。

そこで、ネコを名探偵役にした小説も数多く書かれています。日本では「ホームズ」という名のネコのシリーズが有名ですし、アメリカには「ココ」という名の探偵ネコのシリーズが女流作家によって書かれています。ホームズは雌の三毛ネコで、ココは雄のシャムネコです。ホームズが主役の長編は一九七八年以来三〇冊以上ありますし、ココの場合も一九六六年から始まって二〇冊ほど出版されています。

小説の中では、主役のネコたちは非常にそう明で、いつも最後には犯人を教えてくれます。しかしネコが犯人を見つけて、教えてくれるなんて小説の中だけであり、現実にネコが、「こいつが犯人だ」なんて教えてくれるはずはありません。と思っていたら、そんな小説のようなことが本当に起こりました。もちろんこれは、ネコの毛が決め手となって殺人犯が捕まったという話ですが。

一九九四年の秋、カナダのリッチモンドにあるプリンスエドワード島（赤毛のアンで有名なところ）で、三二歳の女性が行方不明になりました。彼女の車が数日後に見つかり、その車の中には事件が起こったことを暗示する、多量の彼女の血痕がありました。さらに数日後に、八キロ離れた林の中から、彼女の血痕のついた男物の皮ジャケットが見つかりました。ジャケットの内側には、ネコの白い毛が何本かついていました。

翌年の春、彼女の遺体が埋められているのが発見されました。容疑者として、彼女との仲が悪くなって別居していた、内縁の夫が警察の取調べを受けましたが、なかなかはっきりした証拠は見つかりませんでした。この容疑者は、当時両親とペットのネコと暮らしていました。このネコはまっ白のアメリカンショートヘアーで、「雪玉」という名前が付けられていました。

アメリカンショートヘアー（図17）は、その名のとおり短毛種で、やや大柄で精悍な顔つきをしています。わりと寒さに強く飼いやすく、人なつこいので人気があります。さてここで問題となったのは、被害者の女性の血痕がついた皮ジャケットから見つかったネコの毛が、はたしてこの雪玉のものであるのか、ということでした。もしこのジャケットの毛が雪玉のものであることが証明されれば、その飼い主である元内縁の夫の犯行である、と立証する有力な証拠となります。

そこで雪玉から採られたDNAと、ジャケットについていたネコの毛から採られたDNAを使って、ネコのDNA鑑定が行われました。その結果、両者は同一のものである確率が非常に高いという結論になり、その結果が法廷に提出されました。鑑定結果は採択され、内縁の夫の犯行であると断定されて、彼は第二級殺人の罪で裁かれたそうです。ネコの毛が殺人犯を明らかにする決め手となったわけです。

図17　アメリカンショートヘアー

ネコのＤＮＡ鑑定

ではネコの毛を使って、どのようなＤＮＡ鑑定が行われたのでしょうか。そもそも、ＤＮＡ鑑定とはどのようなものなのでしょうか。親子鑑定のところで述べたように、ネコでもヒトでも遺伝的な多型というものが存在します。親子鑑定の所で述べたのは、髪の毛が赤いとか黒いといった目で見てわかる形質を見ていました。この髪の毛が赤いとか黒いという差は、すべて遺伝子すなわちＤＮＡの違いによります。兄弟の遺伝子のところで述べたように、どのような生物でも、ＤＮＡは少しずつ違っているところがあります。血液型もそうですね。指紋がそれぞれ違っているのと同様に、まったく同じＤＮＡを持つのは一卵性双生児のみです。

たとえ兄弟であっても、一部は母方の祖父から、一部は父方の祖母からというふうに、あちらこちらで少しずつ違っています。ましてや、他人どうしでは、かなり違うところがあります。そこで血痕や毛髪からＤＮＡを単離し、その遺伝子の多型を調べることにより、同一個体の血痕なのか毛髪なのかを調べるのがＤＮＡ鑑定です。

しかし前にも述べたように、ＤＮＡ鑑定をした結果、ある遺伝子の配列に違いがあれば、両者は異なる個体からのＤＮＡであると断言できますが、それらの遺伝子が同じであったからといって、同一個体からのDNAであると一〇〇%断言することはできません。非常にたくさんの遺伝子を調べてすべて一致したときに、ある信頼確率で同一個体であろうと強く推定できるだけです。でも組合せをたくさん取れば、高い確率で推定することはできます。

ちなみに指紋の場合でもまったく同じ指紋を持つ人の確率は（一卵性双生児ですら異なることは前に書きました）、一〇〇〇億分の一であるといわれています。すなわち、一〇〇〇億の人がいれば、その中に一組だけ同じ指紋の人たちがいることになります。もちろん、幸か不幸か世界の人口はそんなに多くはありません。

さて染色体DNAを詳しく見てみると、個人（個猫？）によって、特にDNAの配列に顕著な違いのある部分が、何か所か見つかっており、多型とよばれています。これはタンパク質などの設計図を担っている部分以外にも、広く分布しています。

特に最近よく調べられているのは、短いヌクレオチドの繰返し、例えばCとAの繰返しです。この繰返しの数がネコによっていろいろ違っています。同じDNAの場所でありながら、七回のCAの繰返しを持っているネコもいれば、九回の繰返しを持っているネコもいます。

このような繰返しの違いを、ミクロサテライト多型といいます（図18）。例えば多型のある領域が二か所あり、片方はAとBとCの三つのタイプがあり、もう一つのほうはmとnの二つのタイプがあったとしますと、可能な組合せは3×2、すなわち六通りになります。ネコもヒトも相同染色

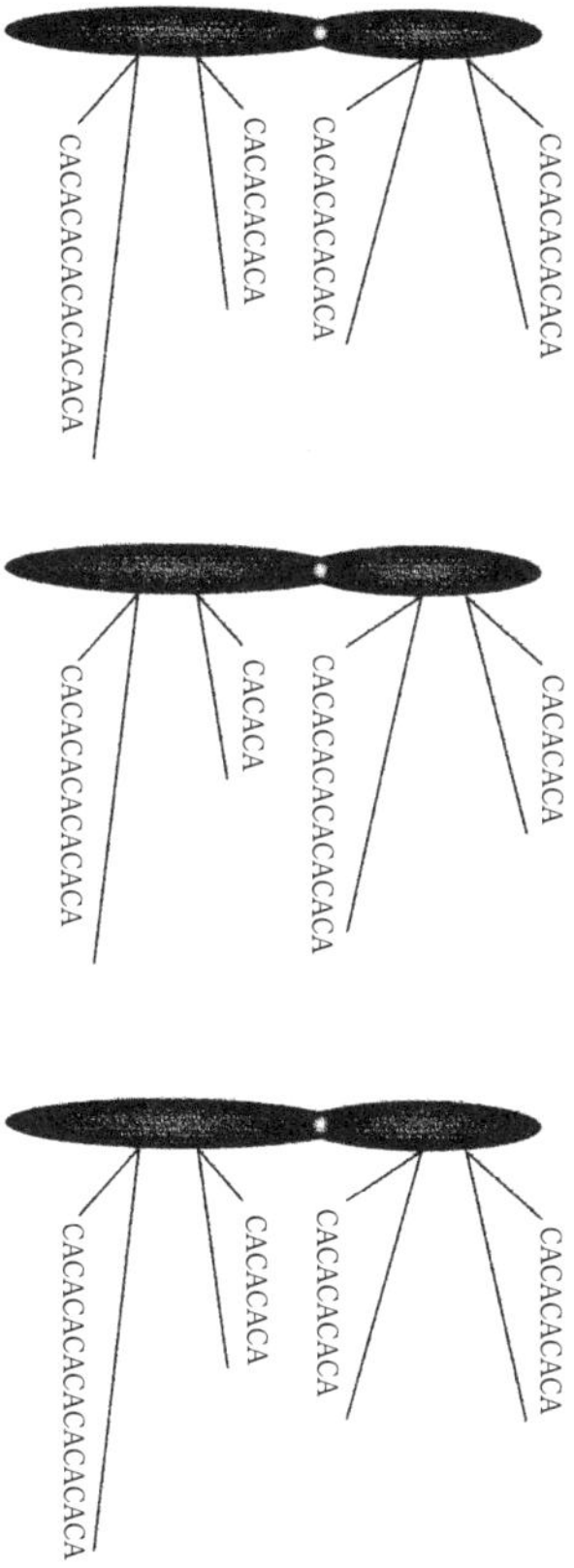

染色体DNA上のあちこちに，繰返し回数の違う配列がある

図18　ミクロサテライト多型

体を二つずつ持っているので、実際には二倍して一二通りの組合せになります。もし二つの個体のＤＮＡを比べてみて、片方がＡＣｍｍで、もう片方がＡＢｍｎであれば、この二つの個体は違うと断定できます。

もしどちらもＡＢｍｎであれば、同じかもしれないといえます。しかしこの場合は同じであるとは断定できません。なぜなら一二人（一二匹？）に一人は同じ型になる可能性があります（しかもいまはＡ、Ｂ、Ｃやｍ、ｎの出現する頻度は考えていません。実際には偏りがあります）。

しかしながら、このような変化のある領域が一〇か所あり、それぞれ五種類のタイプがあったとすると、可能な組合せは一〇の五乗、すなわち一〇万となります。したがって、もし一〇か所の多型がすべて一致したなら、同一のＤＮＡである可能性は非常に高くなります。このミクロサテライト多型を調べるには、ＰＣＲ（ポリメラーゼ連鎖反応）という方法が用いられます。

ＰＣＲとＤＮＡ鑑定

ＰＣＲ（ピーシーアール）法という言葉を新聞などで見たことがあるでしょう。ポリメラーゼチェーンリアクションの頭文字を集めた言葉です。ポリメラーゼというのは、ＤＮＡを合成する酵素のことで、チェーンリアクションとは連鎖反応のことです。この技術は、ＤＮＡの配列がわかっているときに、特定のDNA断片をポリメラーゼで増やして、単離するのに非常に便利な方法です（図19）。もとのDNAがどんなに微量でも、簡単にあっという間に何百万倍にも（連鎖反応のように）増やすことができます。

多型を調べる場合も、CAの繰返しを含む部分のDNAを、PCRにより増やしてやり、その長さを調べればCAが何回繰り返しているかがわかります。例えば図20に示した上の図は、三世代の

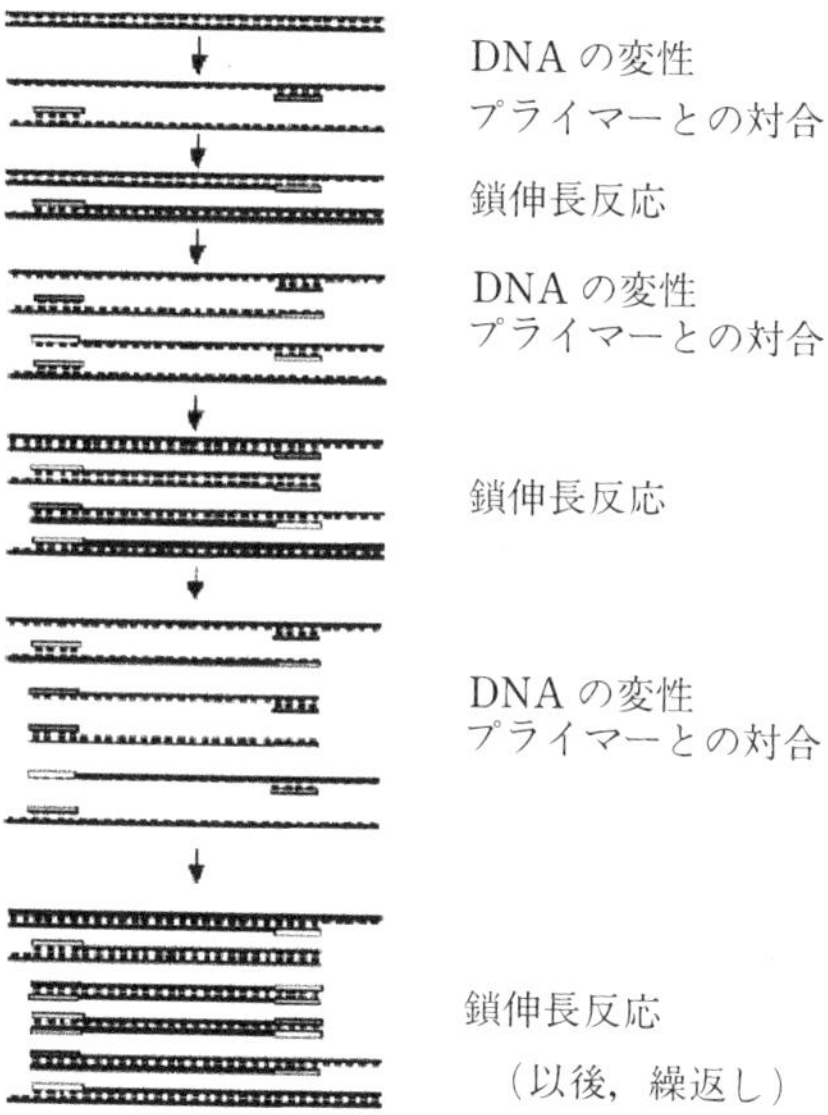

図 19　PCR

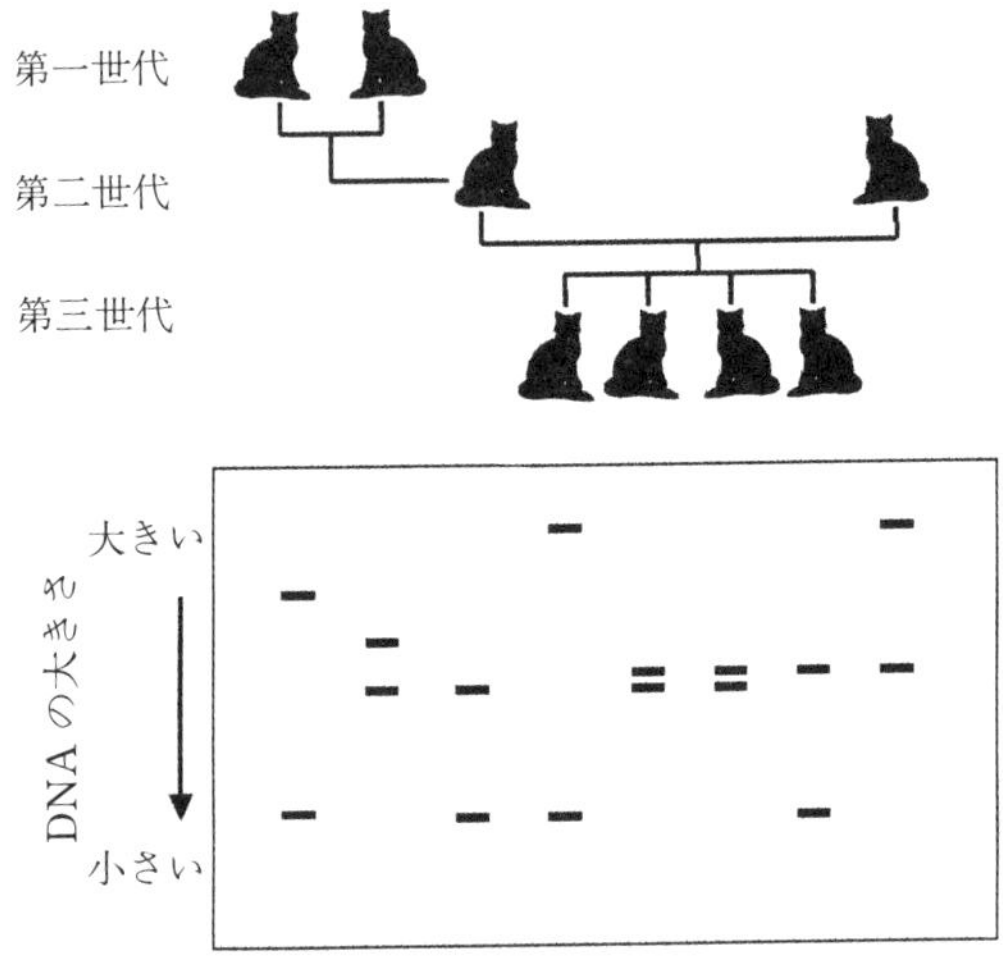

染色体DNA上の，CAの繰返し配列の分析の例

図20　ネコのミクロサテライト

ネコの家系図です。そして下の図は、それぞれのネコの染色体ＤＮＡ上の、ある特定の場所におけるＣＡの繰返しの多型を、調べた結果です。

すべての個体は、遺伝子を二つずつ持ちますので、Fca23と名づけられているＣＡの繰返しの多型についても、おのおの二種類ずつ持っています。ここでは六種類の多型、すなわちＣＡの長さの違いが見られ、各個体は二つずつ異なる多型を示しています。もちろんまったく同じ長さのＣＡ、すなわち多型を一組持つ場合もありますので、このときは見かけ上一つだけに見えます。図をみると、第一世代から第二世代へと、雄と雌からそれぞれ一本ずつ子供に伝わり、さらに第三世代へと伝わっていく様子がよくわかります。

さて、先ほどのプリンスエドワード島の殺人事件が起こった一九九五年ごろには、いくつかの研究によって、ＣＡの長さに四から八通りの違いがある多型の代表例が、ネコの染色体上に一〇か所ほど知られていました。そこで血の付いたジャケットから見つかったネコの毛の毛根から、また雪玉の血球から、それぞれＤＮＡが単離され、それらを用いておのおの一〇種類の多型のパターンが調べられました。

その結果、すべての多型において、ＣＡの繰返しの長さが一致したのです。もちろん比較のために、無関係の二八匹のネコから血を集めて、これについても同じように多型が調べられましたが、一致するものは一つもありませんでした。このようにして血染めジャケットに付いていたネコの毛は雪玉の毛であることが証明され、雪玉の飼い主すなわち被害者の元の内縁の夫が殺人犯であると断定されました。

もちろんこのネコのDNA鑑定はめずらしい例であり、通常の犯罪捜査におけるDNA鑑定は、人間のDNAを用いて行われます。ヒトの場合、このCAの繰返しの数の違いによる多型については、非常に詳しく調べられており、すべての染色体DNAのほぼ全域にわたって、しかも適当な間隔をおいて、多型の見られる場所やその付近の配列、繰返しの数などが明らかになっています。人間のこのミクロサテライトによるDNA鑑定は、まだそれほど犯罪捜査には使われていませんが、後で述べるように、遺伝病の遺伝子を明らかにするのにいま盛んに使われており、非常に大きな成果を挙げています。ヒトゲノムの全配列を決定するときにも、非常に役に立ちました。

また一方、最近ではヒト以外の動物や魚などにも、DNA鑑定はどんどん使われるようになってきています。例えば食肉や魚などで、特定の産地によっては非常に高価な値がつくことがあります。そこで、ニセモノが出回ることがあります。ニセモノの肉や魚の鑑定はもちろんのこと、場合によってはその産地ですら、PCRを用いたDNA鑑定によって明らかにすることができます。地域ごとに個体のDNA配列に少しずつ違いがあり、その特徴を調べることによって、産地を推定することができるのです。

マグロと称してほかの魚を売りつけたりする場合はもちろんのこと、松坂肉ですといってほかの産地の牛肉をもってきても、ＤＮＡ鑑定ですぐにわかってしまいます（実際に新聞に出ていました）。高級食品のキャビアはチョウザメの卵で、世界の三大珍味の一つと言われています（後の二つは、フォアグラとトリュフ）。その産地を調べるのにもＤＮＡ鑑定が使われているそうです。

ＰＣＲと遺伝子診断

ＰＣＲは、原理は簡単ですが非常によく使われている技術です。前に述べたように、細胞内のＤＮＡは二本の鎖が対になったものです。もともとＤＮＡの研究者は、酵素を使ってこのＤＮＡ鎖の片方を新しく作ることは、長年行ってきました。ところがある研究者が、二本を同時に作れば、ねずみ算式に倍々に、ＤＮＡが増えていくことに思い付きました。非常に単純なアイデアです。しかし今日、このＰＣＲの技術のおかげで、いわゆるバイオテクノロジーの分野が飛躍的に進みました。その社会的影響があまりにも大きかったので、彼に一九九三年にノーベル賞が与えられています。

例えば遺伝病の診断においても、遺伝子を調べればよいことはわかっていても、以前は患者から得られるＤＮＡの量が少ないため、その診断はあまり正確ではなく難しいものでした。いまはごく微量のＤＮＡがあれば、それをＰＣＲで増やしてから分析することができます。ＤＮＡ上のある特

設計図 AGATTGTCA ▲	設計図 AGATCGTCA ▲	設計図 AGATAGTCA ▲
⇩	⇩	⇩
活性の弱い酵素	中くらいの活性の酵素	活性の強い酵素
薬が効きやすい	薬は普通に効く	薬が効きにくい
薬は少しでよい		薬は多く必要

図 21 一塩基多型

定の遺伝子が欠けているかどうかや、一つの文字の違い（一塩基多型）ですら検出できます。したがって、いまはまだ発病していなくても、遺伝子を調べることにより、将来その病気になる可能性が高いかどうかも判断できます。そのような場合は、あらかじめ予防のための処置を施し、発病を抑えることも可能になります。また、ある薬が作用するタンパク質の設計図を調べてやれば、個人個人でその薬がどの程度効きやすいか、また効きにくいかも判断できます（図21）。

現在は、薬の効きやすい患者でも効きにくい患者でも、単に症状だけで医者が判断して薬が与えられています。しかし遺伝子診断の結果を使えば、薬の投与量も個人ごとに細かく調整ができます。ＰＣＲによる遺伝子診断は、今後人類の健康維持に欠かせない重要な技術です。

4　毛の長いネコ！

アンゴラウサギとペルシャネコ

ネコの毛の長さには大まかに二種類あります。いわゆる長毛と普通の長さの毛（短毛）です。先ほどのアメリカンショートヘアーは、毛の短いネコ（短毛種）です。反対にネコの長毛種といえば、まず頭にうかぶのがペルシャネコでしょう（図22）。その他には、バーマンやヒマラヤン、サイベリアン、メインクーン、ターキッシュアンゴラなどがいます。

ショートヘアーと、ロングヘアーというのは、多くのほ乳類に見られます。例えばハツカネズミ（マウス）でも、普通の毛のものに加えて、毛の長い変種が知られていて、やはりアンゴラとよばれています。アンゴラというのはトルコの首都アンカラの古いよび名です。この地方が原産の毛の長いウサギやヤギが、アンゴラウサギやアンゴラヤギとよばれます。特にアンゴラヤギの毛で作った織物は、モヘアとよばれ珍重されています。これから、一般に毛の長い動物の種類を、アンゴラ種とよぶようになりました。ネコのターキッシュアンゴラも同様です。

このアンゴラウサギやペルシャネコに見られるように、毛が長くなるかどうかが、ある一つの遺伝子によって決まっていて、遺伝します。もっとも、同一の個体であってもからだの組織すなわち場所によって、遺伝子の働きも違っており、長い毛の部分もあれば産毛の部分もあります。足の裏のようにまったく毛の生えない部分もあります。

図 22　ペルシャネコ

しかしそのような場所は別として、もともと毛を長くする遺伝子を持っていなければ、そのネコの毛は長くはなりません。ネコの毛の短毛と長毛は、それぞれ遺伝的にはLとlで表されます。一つの遺伝子の変異（劣性）によるものであることは前に述べました。短い毛の方が普通であり、LLあるいはLlのときには、普通の毛の長さになります。一方、劣性のlが二つそろったllのときに毛が長くなります。

毛の成長

毛はケラチンという丈夫な角質のタンパクでできています。毛は皮膚の表面（真皮から皮下組織）に埋まったところから生えてきます。毛と皮膚の構造を簡単に示すと図23のようになります。毛はある程度長く伸びると抜け落ちます。そしてまた新しい毛が生えてきます。一般に毛根とよばれているのは、皮膚の内部に埋まっている部分です。外に出ている部分は毛幹とよばれています。毛乳頭のあたりで細胞の分裂が始まり、毛が伸長していきます。

毛が伸びていく過程は、大きく分けて三つの段階、すなわち成長期と、退行期、休止期とよばれる三つの時期に分けられます（図24）。それぞれ、新しく毛が生えてきて伸びる時期、毛包と毛幹とのつながりがなくなり、毛乳頭が真皮の奥へと移動する時期、毛の成長が止まっている時期です。退行期の終わりまたは休止期のはじめごろに毛が抜け落ち、再びまた新しい毛が同じところから生えてきます。

この過程が何回も繰り返されるのです。そして毛の長さは成長期の期間の長さに依存し、その時期が長いと毛も長くなります。ヒトの頭髪の場合、成長期が二～六年、退行期が二～三週間、そして休止期が三～四か月といわれています。最近、新しい脱毛防止薬が発売されましたが、この薬は

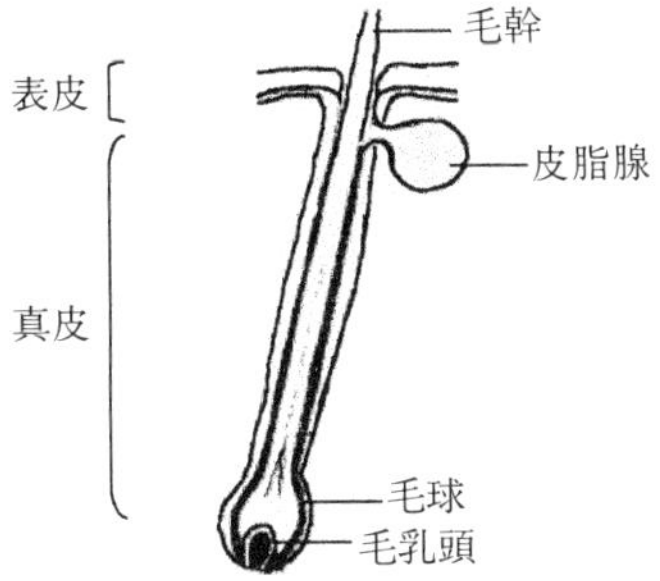

図 23　毛と皮膚の構造

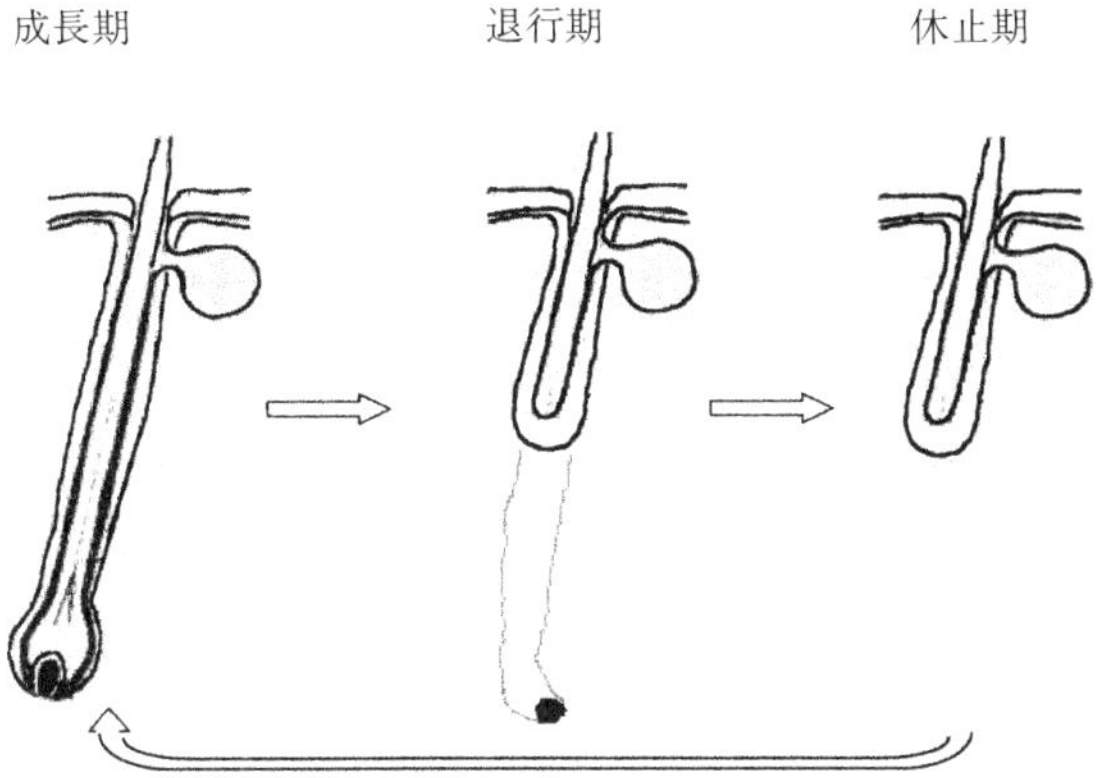

図 24　毛の増殖サイクル

休止期から成長期への移行を促し、また成長期の時期を保ち、毛が抜け落ちるのを防ぎます。

体の組織によって成長期の長さは異なり、したがって毛の長さも異なります。例えばヒトの頭髪では一メートル以上になりますが、腕の体毛などは数ミリです。これは極端な例でしょうが、ネコでも顔の部分の毛は身体に比べて短くなっています。成長期の長さが組織によって違うわけです。この毛の成長期の長さを決めているのがL遺伝子です。この遺伝子の働きによって毛の長さが変わっているのです。

毛の長さを決める遺伝子

では毛の長さを決めているL遺伝子とは、どのような遺伝子なのでしょうか。ネコのL遺伝子はまだ明らかにされていませんが、ネズミでは先ほどのアンゴラの遺伝子が明らかにされています。おそらくネコの長毛もよく似た遺伝子によると考えられます。科学の研究では、偶然から面白いことが見つかることがよくあります。ネズミのアンゴラ遺伝子も、偶然に発見されました。毛の研究をしていた科学者によって、見つけられたのではありません。

それは、線維芽細胞増殖因子（ＦＧＦ）とよばれる難しい名前のついたタンパク質の研究から明らかになりました。ＦＧＦは動物の筋肉や神経などの細胞が増えるときに必要なタンパク質性因子です。このタンパク質には、配列が非常によく似た仲間がいくつかあり、また遺伝子もそれぞれ単離されていました。その中の一つにFGF5という遺伝子がありましたが、この遺伝子によって作られるタンパク質が、細胞内で何をしているのかよくわかっていませんでした。

そこでアメリカの研究グループが、この遺伝子が機能しなくなったハツカネズミ（マウス）を作ってみました。このような特定の遺伝子が完全に機能しなくなったハツカネズミは、ノックアウトマウスとよばれます（図25）。ノックアウトマウスを作って調べる方法は、遺伝子の機能を調べるうえで、非常に有力な方法です。現在盛んにいろいろな遺伝子について、ノックアウトマウスが作られています。

ネズミもネコやヒトと同様、染色体DNAを二組ずつ持っているので、まず片方の遺伝子を破壊したネズミを作ります。つぎにそのようなネズミどうしを交配させて子供を作らせると、メンデルの法則に従って、四匹に一匹の割合で、目的の遺伝子が両方とも機能しないネズミが生まれます。このネズミがどのような異常を示すのか、あるいは示さないのかを調べるわけです。もちろんネズミが生きていくうえで絶対に必要な遺伝子の場合には、子供は生まれる前に死んでしまいます。そのような遺伝子を詳しく調べたいときには、別のトリックを使う必要があります。

幸いなことに、FGF5遺伝子の場合は、子供は元気に生まれてきて一見普通のネズミと同じように育ちました。ただ一つ違っていたのは、両方のFGF5遺伝子を破壊された子ネズミは、いず

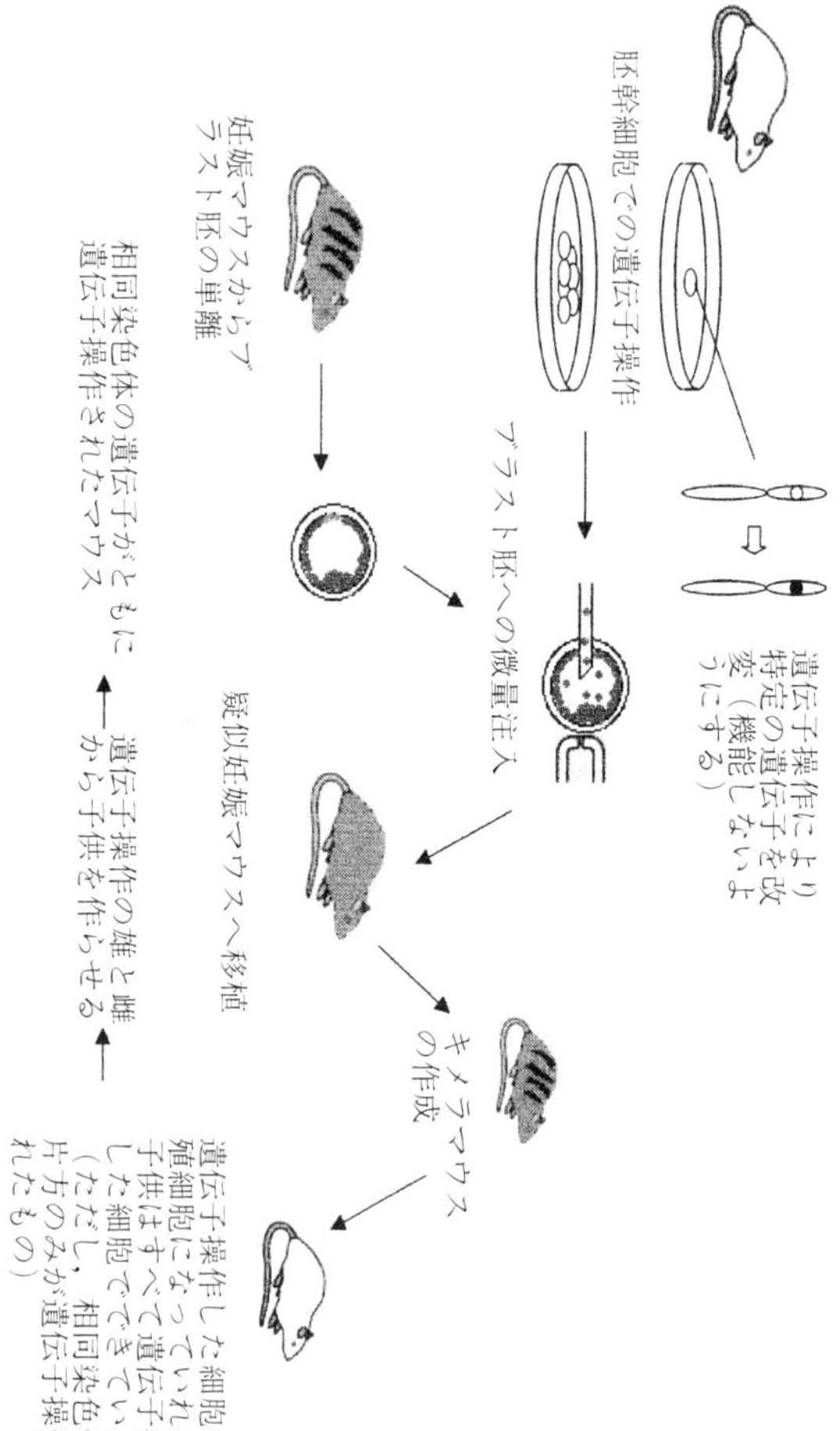
遺伝子操作した細胞が生殖細胞になっていれば，子供はすべて遺伝子操作した細胞でできている（ただし，相同染色体の片方のみが遺伝子操作されたもの）

図 25　ノックアウトマウスの作成

れも毛が長かったのです。すなわちアンゴラ種のネズミとそっくりなように見えました。そこでアンゴラ種のネズミのＦＧＦ５遺伝子を詳しく調べてみると，一部欠けている部分が見つかり，アンゴラは確かにＦＧＦ５遺伝子の欠損であることが確かめられました。

この研究から，ＦＧＦ５の遺伝子によって作られるタンパク質は，毛の長さを調節する働きがあり，通常は毛があまり長くならないように抑えていることがわかりました。このタンパク質が働かないと，抑えが効かなくなり毛が長くなるのです。おそらく，ペルシャネコもこれに相当する遺伝子が欠損しているために，毛が長くなるのであろうと考えられています。

5　毛のないネコ！

ヘアーレス動物

ペルシャネコは毛の長いネコの代表ですが、逆にまったく毛のない（ヘアーレス）ネコもいます。メキシカンヘアーレスキャットという品種です（図26）。スフィンクスとよばれることもあります。毛がないので、ちょっと見た感じはネコに見えません。少々不気味ですが、これがかわいいというネコ好きもいます。もちろんこの毛がないというのも、ある遺伝子が機能しなくなった変種で、遺伝します。年をとったためとか、ホルモンの変化によるものなどではありません。子供のときから毛がないのです。

いまのところ毛のないネコについては、いくつの遺伝子に支配されているのか、どのような遺伝子の欠損なのかわからないことがたくさんあります。しかしその遺伝様式について，少しはわかっています。毛のないネコは，ニューメキシコ，フランス，モロッコ，インド，カナダ，イギリスなど，各地で見つかっています。

例えば一九六六年にカナダのトロントで見つかった毛のないネコの家系では，一見正常なネコと毛のないネコの親からは，一六匹の正常な子ネコと，一八匹の毛のない子ネコが生まれました。親がともに毛のない場合，生まれた子ネコ一八匹は，すべて毛がなかったそうです。

図 26　メキシカンヘアーレス

毛のないネコと正常なネコから，ほぼ一対一の割合で毛のないネコと正常なネコが生まれたことから，この場合は毛が生えなくなるのは，一つの遺伝子の変異によるものであり，しかも劣性の変異であることがわかります。もし二つ以上の変異が無毛に関わっているとすれば，毛のないネコの比率は一対一ではなくて，もっと少なくなります。

正常なネコの体毛は三種類の毛からできています。ガードヘアーとオーンヘアーとダウンヘアーです。ガードヘアーとオーンヘアーはまとめてトップコートとよばれ，ダウンヘアーはアンダーファーとよばれることがあります。ガードヘアー（保護毛）は長くて太い毛で、全体にほぼ一様な太さです。オーンヘアーはガードヘアーよりは細く、先端がわずかに太くなっているのが特徴で、少しうねっています。ダウンヘアーは三種の毛の中では最も細く、多かれ少なかれカールしています。

ダウンヘアーは体温を保つのに重要で、他の二種類はダウンヘアーを保護し、また感覚器としても働きます。ヘアーレスキャットは、子ネコのときには少し毛が生えていますが、大人になると、一部毛が生えている場合もありますが、ほとんどの体毛がなくなります。

毛のないネズミ

遺伝的に毛のない動物というのは、ネコ以外にもさまざまな生物、例えばネズミやイヌ、さらにはヒトでも存在が知られています（写真1）。最近マウスやヒトで、この無毛に関わる遺伝子が明らかにされました。無毛のマウスは、ヘアーレスマウスとよばれ、この変異種は研究用にしばしば用いられています。

例えば、皮膚に薬物を塗って効果を調べるときに、ヒトの皮膚を使うわけにはいかないので、動物を使って研究が行われますが、特にこのヘアーレスマウスの皮膚が使われます。体毛がないので薬が塗りやすく、非常に扱いやすいので重宝されています。

もう一種、ヌードマウスとよばれる毛のないネズミもいます。こちらはヘアーレスマウスとはまったく別の遺伝子がおかしくなったネズミです。このヌードマウスの場合は、毛がないだけでなく免疫系にも異常が見られるので、やはり研究によく用いられています。どちらのネズミも、毛が生えないのはどのような遺伝子がおかしくなったためなのかが、明らかにされています。

ヘアーレスマウスの方は、hrと名付けられた遺伝子の欠損によるものです。相同染色体の両方のhr遺伝子に欠損を持つマウスの場合に毛がありません。片方が正常な遺伝子の場合は、毛は普通に生えてきます。この毛のないネズミは、一九二〇年代にロンドンで最初に見つかりました。詳しく調べてみると、白血病ウイルスの遺伝子が「ある遺伝子」のなかに入り込み、そのため、その「ある遺伝子」が機能しなくなって毛が生えなくなることがわかりました。

写真 1　ヘアーレスマウス

この場合「ある遺伝子」がどういうものかを明らかにするのは、比較的簡単です。すなわち、ウイルスの遺伝子を目印として、そのウイルス遺伝子の近くの遺伝子を調べればよいことになります。このようなやりかたで、hr遺伝子が単離され、どのようなタンパク質の設計図であるのかが調べられました。

その結果、その遺伝子はアミノ酸が一一八二個つながってできたタンパク質の設計図で、そのタンパク質は亜鉛を含むらしいということがわかりました。ただ、そのタンパク質が実際にどのような働きをしているのかについては、まだ明らかになっていません。

ゲノムとバーコード

先にネコのDNA鑑定のところで述べたように、ヒトの染色体DNA上にも、CAの繰返しの数の違う多型（ミクロサテライト）が非常に数多くあり、その場所もわかっています。そこで、全染色体DNAにわたって、適当な間隔をおいて、この多型の代表的なもの五〇〇〇個ほどの場所と配列が、住所録のように登録されました。この多型のパターンは、前に述べたように一人ひとり異なりますので、個人の同定にも使われます。

バーコードというのをご存知でしょう。店で売られている商品の袋などについている、幅の違う黒い線がずらりと並んだ縞模様です。あのいくつかの異なる幅をもった黒い線の並び方に意味があるのです。あの縞模様を読み取ることによって、その商品がどの会社で作られた、いくらの値段のものかなどがわかるのです。いまではスーパーなどで売られているほとんどの商品にバーコードが付けられています。

商品だけでなく、データや資料を管理したりするのにも、バーコードが使われています。ハガキにも郵送先などが、郵便局でバーコードとして印刷されていることがあります。この場合、普通は見えないのですが、紫外線（殺菌灯など）をあてると見えます。

さて、長さがいろいろ異なるCAの繰返しのいくつかの組合せは、いわば染色体DNA全体にバーコードが付いているようなものです。すなわち、バーコードのおのおのの線の太さが、CAの繰返しの数に相当すると考えればいいでしょう（図27）。

この染色体上のバーコードのパターンは、個人によって少しずつ異なっているので、指紋のようなものです。一人ひとり違うのです。まったく同じパターンを持つのは、一卵性双生児だけです。そこで、例えばある家系の中で、遺伝病を保有している人が何人かいたとします。するとその人たちは、その原因遺伝子とその近傍の遺伝子だけは、必ずまとめてそっくり親から受け継いでいるはずです。ほかの部分は、違っていてもかまいません。つまりバーコードのパターンも、その近傍だけは必ず同じはずです。

一方、遺伝病を保有していない人は、違うパターンのバーコードを持っています。そこで遺伝病の人は必ず持っていて、そうでない人にはない多型パターンの領域を見つければ、その領域の中に原因遺伝子もあることになります。この方法を用いて、現在、精力的にさまざまな遺伝病の原因遺

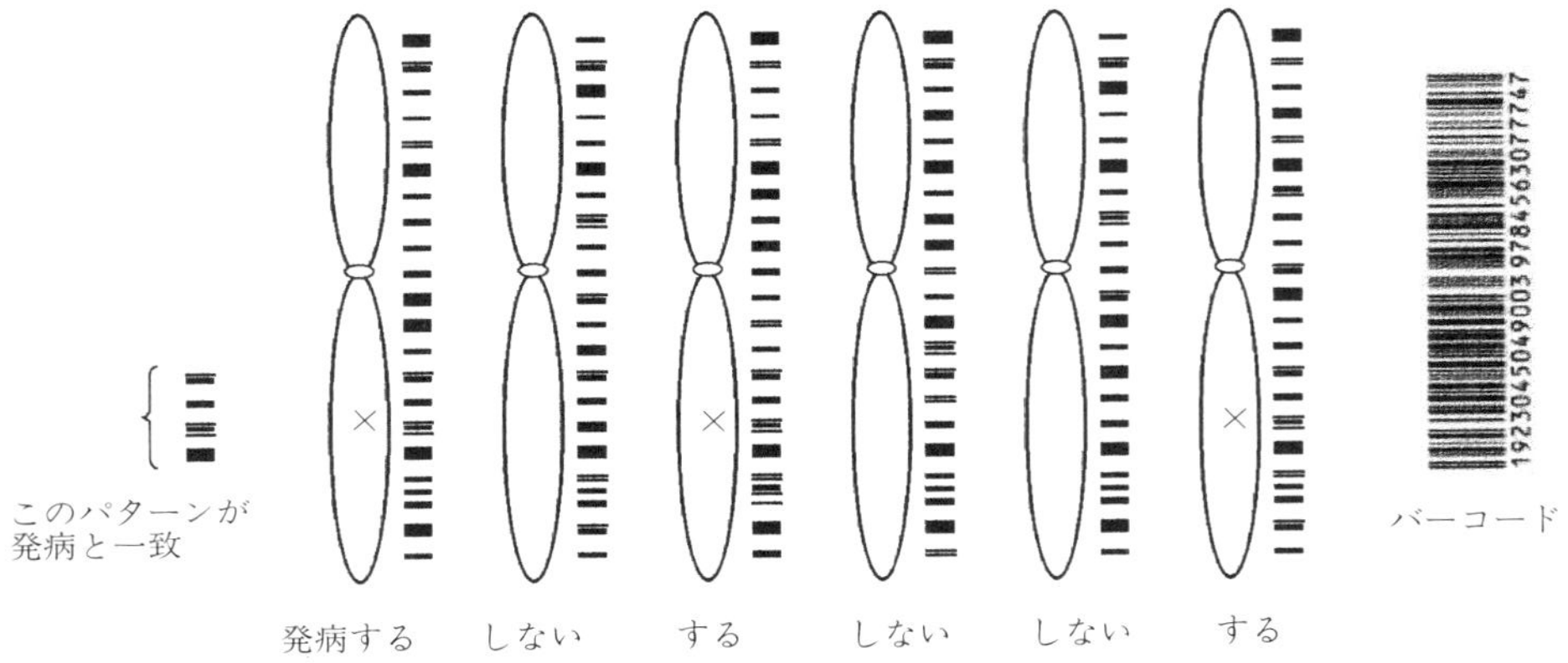

図 27　遺伝子診断による遺伝病の原因遺伝子の同定

伝子が明らかにされつつあります。その例の一つとして、ヒトの遺伝性の無毛症の原因遺伝子が、ヘアーレスマウスのhrと同じであることがわかりました。

バーコードと交さ

多くの動物と同じように、ヒトでもいくつかの家系で、まったく毛のない子供が生まれることが知られており、アルペシアユニバーサリシアとよばれています。毛が少ないとか、一部しか毛がないとかではなく、頭髪もまゆ毛もまつ毛も脇の下も、体中のすべての毛がありません。遺伝子の欠損によるものですので、遺伝病の一つです。

最近、パキスタンのこの病気を発病する一つの家系について、どのような遺伝子が欠損しているのかが明らかにされました。原因遺伝子を明らかにするためには、まず染色体DNA上のどの場所が遺伝病、すなわち無毛と関係あるのかを知る必要があります。

この原因遺伝子の同定には、前述のCAの繰返しの数の違う多型が用いられました。ヒトには二三対の染色体があります。この染色体DNAは、他人はもちろんのこと、兄弟姉妹のものでさえ、そのミクロサテライトのパターンは違っています。兄弟姉妹ですから同じ部分もたくさんありますが、違う部分もあるのです。

どうしてそのようなことが起こるかというと、これは前に述べた交さのためです。染色体DNAが親から子に受け継がれるとき、前に述べたように母方の祖父母の染色体、父方の祖父母の染色体の一部ずつが、モザイクのようにつながって受け継がれます。

遺伝病の場合、交さによって異常な遺伝子を受け継ぐときもあるし、受け継がないときもあります。無毛症の場合、劣性の変異、すなわち機能しない遺伝子を二つ持った場合に毛がなくなります。したがって、親兄弟、親戚の人たちの内で、無毛の人だけが必ず二つ持っているモザイクの断片、すなわち多型のパターンがわかれば、すなわちそのDNA領域に遺伝病に関わっている遺伝子が存在することになります。

そこでパキスタンの家系で、四代にわたり三四人について、四〇〇種ほどの多型が詳しく調べられました。この三四人のなかには、無毛症の人は六人含まれていました。調査の結果、この無毛症の人が必ず持っており、他の家族は持っていない多型の場所は、第八染色体のある部分であることが明らかになりました。

そしてその場所をマウスの染色体と比べてみると、そこには、マウスのhr遺伝子と非常によく似た遺伝子があることがわかりました。そこで、その遺伝子のDNAをPCRにより単離し、その配列を詳しく調べたところ、確かに無毛症のヒトの場合だけ、配列がおかしくなっていることがわかりました。すなわちヒトでもマウスでも、hr遺伝子が正常に機能しなくなると、体中の毛がまったく生えなくなるのです。

毛が生えなくなるのに，ほかにいくつの遺伝子が関与しているのかは，まだわかっていません。しかしおそらく一部のヘアーレスキャットでは，この**hr**と同じ遺伝子が機能しなくなっているのでしょう。

また先ほどもふれたように，正常なネコやヒトでも，毛の生え方はからだの場所によって違います。例えばネコの肉球と同じように，ヒトの手の平や足の裏には毛は生えません。その部分では，なんらかの機構で，この**hr**遺伝子が働かないようになっていると考えられます。

6　毛色を決める遺伝子は?

毛色と遺伝子

これまでに述べたように、毛のないネコや毛の長いネコがいて、それはそれぞれ特定の遺伝子の働きによって決まっています。それでは毛の色はどのようにして決まるのでしょうか。日本でよく見かけるネコには、真白なネコ、真黒なネコ、茶色、黒っぽい縞のネコや、それらがまざった斑のネコ、そして三毛ネコなどがいます。

さらに日本ではあまり見かけませんが、銀色のネコやうすいクリーム色のようなネコもいます。このような毛の色も、当然遺伝子によって決まっているはずであり、それらの遺伝子は親から子に遺伝します。

では、例えば黒いネコと白いネコの両親からはどのような子ネコが生まれるのでしょうか。白いネコと黒いネコが両方？　どちらか一方のみ？　あるいは白と黒の混ざった斑のネコ？　灰色のネコ？　答えはそう簡単ではありません。これにはまずネコの白い毛や黒い毛が、どのような遺伝子によって決まっているかを考えなければなりません。

ネコの原種は前に述べたようにリビアヤマネコだといわれており、その毛色が家ネコの野生型、すなわちもともとの色です。リビアヤマネコは毛の長さはそれほど長くなく、黒っぽい茶色の縞模様を持っています。現在見られる、さまざまな毛色を持つネコは、いずれも毛色を決めている野生型の遺伝子が変化したものです。ブリーダーたちはそのようなネコを大事にし、さらにめずらしい毛色のネコを作り出そうと交配を試みてきました。

二十世紀初めごろからそのような人工的な交配が盛んに行われるようになり、その結果蓄積された知識や、また遺伝学者たちの研究から、ネコの毛の色や長さを決めるのに関わる遺伝子が、だんだんと明らかになってきました。

現在、ハッキリと毛色と毛の長さに関わっていることがわかっている遺伝子が、一〇種類知られています。遺伝子は記号を用いて表されますので、その遺伝子記号で野生型のネコを書き表しますと、つぎのようになります。

ww o A– B– C– T– ii D– ss L–

このうち、最後のLだけは毛色ではなくて、前にも述べた毛の長さを決める遺伝子です。したがって、L以外の九つの遺伝子の組合せで、さまざまなネコの毛色が決まります。つぎにこれらの記号で表される遺伝子について、分子遺伝学的にどこまで明らかになっているかも含めて、順に説明していきましょう。

アグチネズミとキジネコ

毛の主成分はケラチンという特殊なタンパク質です。毛の色は、そこに沈着するメラニンという色素の違いによって変わります。皮膚の色もメラニンによって決まります。メラニン色素は、メラノサイトという特別な細胞の中で、アミノ酸の一つであるチロシンを出発物質として作られます（図28）。メラノサイトで合成されたメラニンは、そのあと皮膚の細胞へ運ばれたり、毛根を通って毛に沈着したりします。ほ乳動物のメラニンを作る細胞としてはもう一つ、眼の色素を作る色素上皮細胞があります。この細胞で作られたメラニンの種類によって、眼の色が黒や茶やブルーなどになります。

さてメラニン色素というのは，一つの化合物ではなく，いくつかの化合物の総称です。ネコの毛色を決めているメラニン色素には，大きく分けて二種類あります。それぞれユーメラニンとフェオメラニンとよばれています。ユーメラニンは，黒または黒っぽい茶色で，フェオメラニンは茶または赤っぽい茶色をしています。どちらもまた，よく似た構造を持った高分子の総称で，単純な一つの化合物ではありません。しかしユーメラニンもフェオメラニンも，チロシンから作られます。

チロシンが，まずチロシナーゼとよばれる酵素によってドーパキノンという化合物に変わった後，いくつかの酵素によって変化していきメラニンができます。チロシナーゼは，メラニン合成の最初の反応をする重要な酵素ですから，この酵素が正常に機能しないと，メラニンの量は低下します。酵素がまったく働かない場合は，メラニンもまったく作られません。どんな生き物もメラニンがなければ白色になります。これについては，また後で述べます。

またこのようにメラニンの原料はチロシンですので，体内のチロシンの量が少ないと，当然のことながら合成されるメラニンの量も少なくなるはずです。これを実験で確かめたアメリカの研究者たちがいます。彼らは，黒ネコをチロシンがあまり含まれていない餌を与えて飼育してみました。するとそれまで真っ黒だった毛の色が赤茶色になりました。

また同様に，妊娠している母親にチロシンの少ない餌を与えたところ，生まれてきた子ネコの毛色は，本来黒であるはずなのに茶色になりました。いろいろな実験から，十分なメラニン合成を維

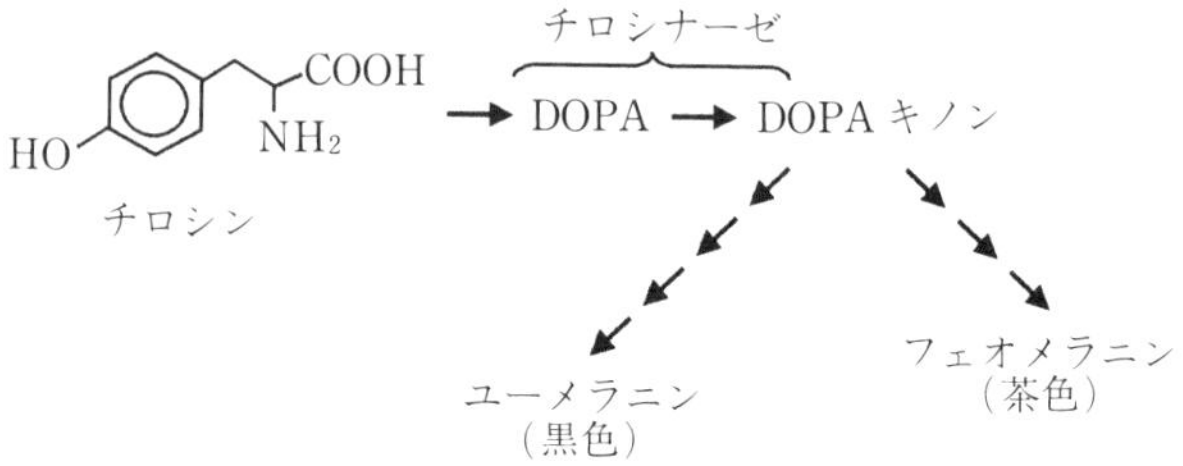

図 28　メラニン合成

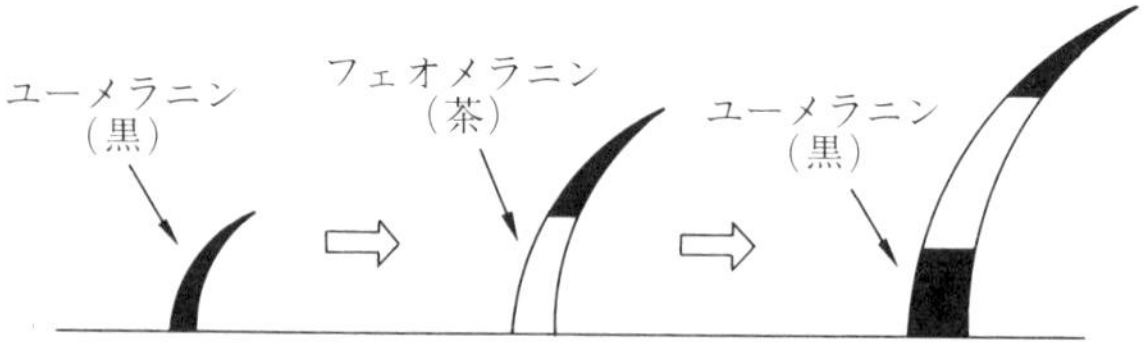

図 29　アグチパターン

持するためには、ネコの餌一キログラムあたりに、チロシンとフェニルアラニンをおのおの四・五グラムと一二グラム以上含んでいることが必要であると、彼らは報告しています。

さて、野生型のネコの体毛の模様をタビー模様といいます。通常キジネコ、あるいはトラネコとよばれているネコの模様です。英語では「マッカレルタビー」とよばれています、マッカレルは魚のサバのことです。ですから、サバトラともよばれています。この模様についても、後でまた詳しく述べます。

そのトラネコの一本一本の毛をよく見ると、アグチと呼ばれているパターンになっています（図29）。これは根元と先端が黒（ユーメラニン）で、中間部が茶色（フェオメラニン）です。南米に住む小型のげっ歯類の動物、すなわちネズミの仲間で、アグチという動物がいます。アグチパターンというのは、この動物の名に由来しており、いろいろな野生動物によく見られる毛色のパターンです。

キジネコと黒ネコ

アグチパターン、すなわち毛の先端から根元までの黒・茶・黒のパターンは、ある一つの遺伝子によって決まります。それはアグチ遺伝子とよばれています。ネコのアグチ遺伝子はまだ明らかにされていませんが、やはり同じようなアグチパターンを示すネズミや他の動物で、すでにアグチ遺伝子が単離され、その遺伝子によって作られるタンパク質（アグチタンパク質）の構造や性質も明らかにされています。

ユーメラニンもフェオメラニンも、どちらもメラノサイト細胞で作られますが、どちらを作るかを調節しているのが、このアグチタンパク質です。実際には、メラノサイト刺激ホルモン（MSH）とアグチタンパク質の二つによって、調節されています。通常メラノサイトは、MSHによって刺激を受けユーメラニンを作り、その結果、毛は黒または褐色になります。そこにアグチタンパクが加わると、アグチタンパク質はMSHの働きを邪魔します。するとユーメラニンが作られなくなり、その代わりにフェオメラニンの方が作られ、そのため毛は茶になります（図30）。

野生型のネズミの毛の場合、新しい毛が生えてくるとき、初めの四日くらいはアグチタンパクは作られずに、したがってMSHの働きでユーメラニンが作られ、毛は黒くなります。その後、四～六日ぐらいの間はアグチタンパク質が作られ、MSHの働きを邪魔するのでフェオメラニンが作られ、そのため毛は茶色になります。その後また、六日ぐらいアグチタンパクが作られなくなり、ユーメラニンのために毛は黒くなります。

その結果、毛の先から順に、黒と茶とまた黒のアグチパターンの毛の色ができるのです。ですから、もしアグチタンパクがまったく作られないと、フェオメラニンがなくユーメラニンのみになるので、毛は全体に黒くなります。これはすなわち、黒ネズミです。

ネズミでもネコでも、アグチ遺伝子はＡと表されます。この遺伝子が働かなくなった場合はａと表します。Ａはａに対して優性なので、先ほどの毛の長さのＬやｌと同様に、ＡＡでもＡａでもネコの毛はアグチになります。しかしながら、アグチ遺伝子が両方ともに機能しない場合、すなわちａａのときには黒ネズミのときと同様、ネコの毛色も真っ黒になります。すなわち、ときどき見かける黒ネコの毛の色です。全身が真っ黒のネコの遺伝子は必ずａａです。

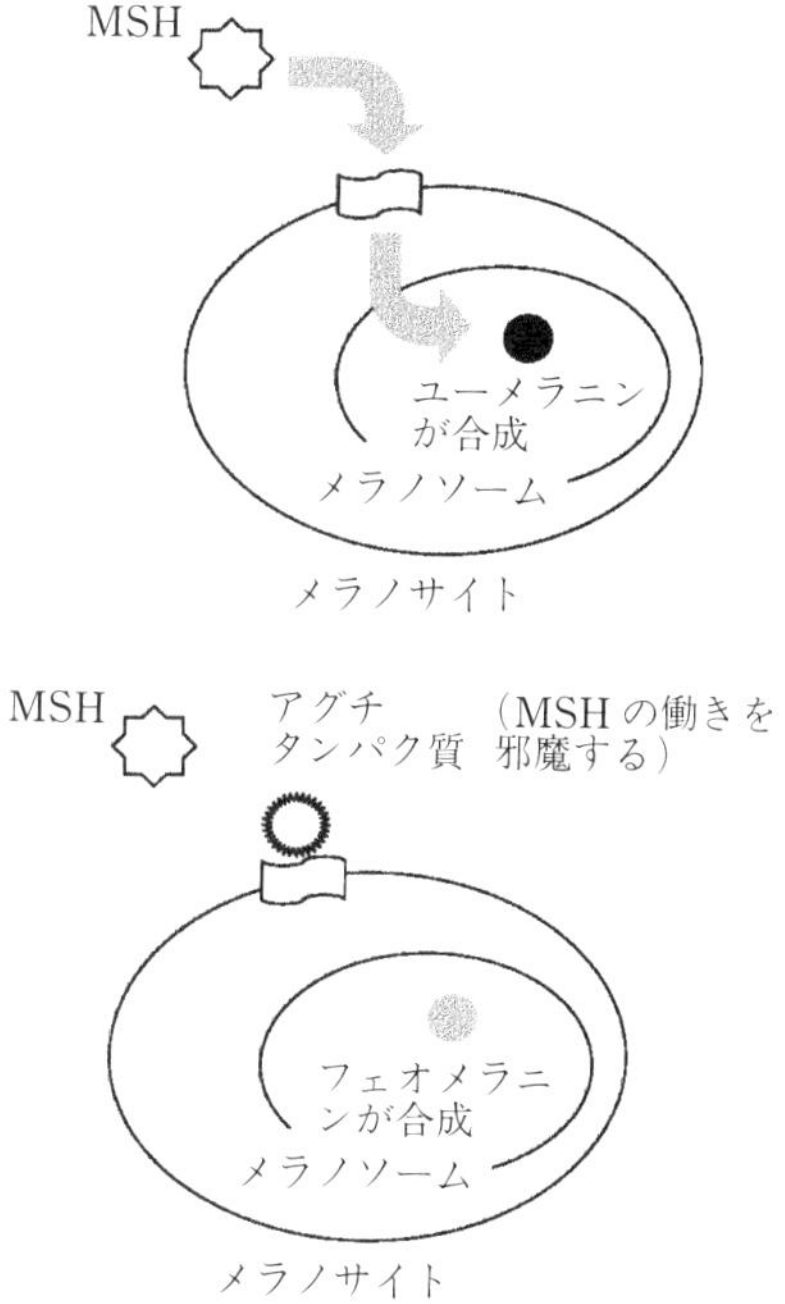

図 30　アグチタンパク質によるメラニン合成の調節

それに対し、Ａが一つでもあればアグチパターンになるので、アグチのネコは見ただけではＡＡかＡａかは、判断できません。親の毛色がわかっていればどちらかわかりますが、そうでないときは、どちらかはっきりわからないので、このようなときはＡ－と書き表します。－は、わからないかどちらでもよいという意味です。

ヒトのアグチ遺伝子は、第二〇番染色体の長椀にあることがわかっています。もっともヒトの場合、ネコと違ってアグチ模様すなわち黒と茶色のまだら模様の毛はありませんので、この遺伝子がおかしくなるとどんなことが起こるのかは、わかっていません。ネコの遺伝子は、ヒトとの比較からＡ３染色体にあると考えられます。ヒトもネコも遺伝子の並び方は、非常によく似ています。

毛色と肥満

ネズミで、「アグチ・肥満症候群」という病気が知られています。これはアグチ遺伝子の異常の一つで、働きがおかしくなったアグチタンパクが作られます。この異常なアグチタンパクは、つねにＭＳＨの働きを邪魔します。その結果、いつもフェオメラニンだけが作られ、そのためネズミの体毛の色は茶だけになります。それだけではなく、この異常なアグチタンパクは、ネズミを肥満にすることが知られています。

実際に体重のコントロールに重要な働きをしているのは、レプチンとよばれる比較的小さなタンパク質（ペプチド）です。遺伝的に肥満になるマウスが知られていました。子ネズミは必ず肥満になります。その原因遺伝子が明らかにされ、遺伝子産物はギリシャ語の「太い」を意味するレプトスにちなんで、レプチンと名付けられました。

レプチンは脂肪細胞で作られ、脳のなかの視床下部にある受容体（レプチンが結合するタンパク質）に結合して、食欲の調節やからだのエネルギー消費の調節をしているらしいことがわかりました。レプチンがうまく働かないと、食欲が増し身体のエネルギー消費が低下して、肥満になります。

アグチタンパクにはよく似た仲間がいくつかあり、その一つはレプチンの下で働いて体重をコントロールしています。先ほどの異常になったアグチタンパク質は、この体重をコントロールしている仲間のふりをして、そのコントロールを乱し、肥満にしてしまうのです。このように毛色と肥満の間には、密接な関係があります。

ウシと斑ネコ

さて、ではaaなら必ず全身真っ黒になるのかというとそうではなく、いくつかの別の遺伝子の影響を受けます。その一つはｓｓで表される遺伝子で、これと一緒のときのみ全身が黒くなります。「スポット」から名がつけられたこの遺伝子の変異型であるＳ遺伝子があると、白が加わります。ａａとＳＳあるいはＳｓ（すなわちＳ－）が一緒のときには白と黒の斑紋、いわゆる斑になります。したがってＳはｓに対して優性です。

Ａ－とＳ－の場合には、白い斑のあるキジネコになります。ただこのＳは「不完全優性」で、ＳＳのときには白い部分が広く、Ｓｓのときには白い部分が腹部や四肢に限られます。さらにこの白い斑の広がりは、ほかの遺伝子の影響も受けるようです。ほとんどが白で、背のあたりだけが黒いネコもいれば、お腹のあたりだけが白く、あとはほとんどが黒いネコもいます。その程度はさまざまです。しかしいずれの場合も、白の斑模様になるかならないかは、このＳ遺伝子によって決まります。

このスポット遺伝子は、ほかの動物でも見られます。よく似ているのが、ウシの模様です（図31）。ある種のウシの胴体には、世界地図のような黒い模様がついていますが、あの模様を決めているのも、おそらくネコのＳ遺伝子と同じものであろうと考えられています。ただしネコのＳ遺伝子は優性変異ですが、ウシ

図31　斑ネコとウシ

やネズミで見られるスポットの変異は劣性です。

ウシやネズミのS遺伝子は、染色体DNAのどこにあるかが、調べられています。ネズミのS遺伝子の詳しい解析から、後で述べるからだを白くする遺伝子Wの近くにあることがわかっています。このW遺伝子のそばには、体毛の色を決める遺伝子が、いくつかかたまってあるそうです。たぶん、ネコのS遺伝子も同じところにあると考えられます。

S遺伝子は、ほかのいくつかの遺伝子との組合せが可能です。黒と白だけでなく、タビーすなわちキジと白や、茶と白の斑などいろいろな斑ネコがいます。

オコジョとシャムネコ

ネコの毛色のタビー模様や、その変異型である真黒の毛色に影響を与える遺伝子として、S遺伝子のほかにも別のC遺伝子があります。CCまたはCcのときにのみ、タビーまたは黒ネコになります。ccでは、からだ全体が退色します。これはいわゆる白子（アルビノ）とよばれ、ネズミやウサギ、ヘビや魚などに広く見られる変異です。ヒトでも白子の変異があります。ときどき新聞などに、真っ白なトラが生まれたとか、白いゾウが見つかったとか出てますよね。非常にめずらしいですが、この遺伝子の突然変異です。

このC遺伝子は、前に出てきたチロシナーゼという、メラニン合成の最初の反応をつかさどる酵素の遺伝子です。ネコではD1染色体上に、ヒトでは第一一染色体上にあることがわかっています。この遺伝子が機能しないｃｃでは、メラニンがまったく作れなくなり、そのため体毛は真っ白になります。

しかしながら、ネコではこのタイプによる白ネコ、すなわちｃｃはほとんど見られません。普段見かける白ネコは、後で述べる別の遺伝子Wによるものです。ｃｃの代わりにネコで見られるのが、チロシナーゼの酵素活性が部分的に損なわれている、c^hというタイプです。この遺伝子がc^hc^hの場合には、顔面や四肢・尾の先端部以外は、退色して薄い色になります。すなわち、A－c^hc^hではは先端部のみがタビーとなり、ａａc^hc^hでは先端部のみが黒くなります。後者はいわゆるシャムネコの模様で、カラーポイントとよばれています（図32）。

シャムネコはすらりとした、なかなか気品のあるネコですね。これと同じタイプは、ウサギやネズミなどではヒマラヤンとよばれています。ネコでもヒマラヤンという品種がありますが、この名は長毛種のc^hc^hにつけられています。やはりしっぽの先などで、毛色が違っています。では、シャムネコなどは、なぜ顔面や四肢、尾の先だけ色が違うのでしょうか。

話は少し変わりますが、イタチ科の肉食獣で「オコジョ」という、かわいらしい小動物がいます（図33）。体長は一五～二〇センチメートルと小さく、手の平にのるほどの大きさです。スキー場などでよく見かけられ，「山の妖精」といわれています。肉食で実際には気性が激しいそうですが，丸い目をした愛くるしい顔をしています。基産地が長野県で，県の天然記念物となっています。環境庁の「レッドデータブック」には希少種とされています。

このオコジョは，イギリスからヨーロッパ中北部，アジア中北部，北アメリカ中北部と広く分布しており，日本には，一亜種のホンドオコジョが中部以北から青森県にかけ，亜高山帯から高山に生息しています。また，北海道にはエゾオコジョ（エゾイタチ）が分布しています。

オコジョは，一年に二回，換毛とよばれる毛換わりをします。冬の間は，尾の先端が黒いだけで

図 32　シャムネコ

図 33　オコジョ

ほかは全身まっ白です。三月の中旬から四月の上旬にかけて雪が解け出すころから、徐々に体毛の色がかわります。はじめに頭部より黒いシミのようなものが現れ、七〜八日で黒い輪ができます。鼻の周り、背中にも変化が現れ、二〇日ほどで頭部、背中、手足と毛が生えかわり、一番最後にしっぽというように、約一か月で茶褐色の夏の毛にかわります。しっぽの先だけは、一年を通して黒いのが特徴です。

このようにオコジョでは、真っ白の冬の毛から夏の毛にかわる途中の一時期だけ、顔面や四肢の色が茶褐色になります。シャムネコでは冬毛と夏毛の違いはありませんが、その模様は春先のオコジョに似ていることがわかります。ちなみに、オコジョはイタチ科の動物で、ネコとは遠い親戚になります。

さてなぜ顔面や四肢、尾の先だけ色が違うのでしょうか。それはじつは体温の違いによるのです。寒くなると、手足がよく冷えますね。そのことからわかるように、手足の先や顔面は、胴体にくらべて体温が若干低くなります。メラニンを作るのに必要なチロシナーゼの働きが温度によって違うため、このように体の一部で体毛の色が違ってくるのです。シャムネコのからだのほとんどの部分では、チロシナーゼが機能しないため、メラニンはほとんど作られず体毛は白くなりますが、顔面や四肢、尾の先ではチロシナーゼがなんとか働き、メラニンができます。

このように、温度によってタンパク質の働きかたが野生型と違っているのを、「温度感受性」といいます。ふつう、タンパク質はある温度の範囲内で機能します。例えばセ氏二〇度から四〇度の範囲といったぐあいです。しかし、せまい範囲の温度でしか、機能しなくなってしまうのが温度感受性です。高い方の温度で機能しなくなるのが高温感受性、低い温度で機能しなくなるのが低温感受性です。シャムネコのc^hは高温感受性です。

温室育ちのシャムネコ

では、シャムネコやオコジョで見られる毛色の違いは、本当に体温の違いによるのでしょうか。科学者というのは、非常に疑い深い人種です。何事も確かめずにはいられません。実際に、シャムネコの毛色の変化を調べた研究者たちがいます。モスクワの動物学者で、一九三〇年ごろの研究です。

彼らはドイツからシャムネコを輸入し、毛の生えかわりの時期である秋に、シャムネコを通常よりも低い温度の部屋で飼育しつづけました。シャムネコは、もとは身体が淡いセピア色に対し、顔と耳および手足としっぽの先がこげ茶で、いわゆるポイントとよばれています。五か月ほど、セ氏一三〜一六度の範囲で、このシャムネコを飼育しつづけました。すると、淡いセピア色だったネコのからだが、少し濃いセピア色に変化しました。こげ茶だったポイントは、ほとんど黒に近い色になりました。そして、さらに肩や腰のあたりも、部分的にチョコレート色になったのです。肩や腰のあたりは、皮膚と骨の間の肉が少なく、その部分はより温度が低いためだと考えられます。

彼らはつぎの年には、今度は温度を上げたときの効果を調べました。やはり毛の生えかわる八月に、肩などに綿をあてて冷えないようにしました。こうすることにより、三四〜三六度ぐらいに温度を保つことができます。するとその部分は、ほとんど色のない毛に変わっていきました。

これらのことから、確かに体温の違いによって、毛色が変わってくることが確かめられました。身体の部分によって、色の変わり方が違っていて、その順序は、顔（鼻の辺り）、耳、しっぽ、手足、背中の中央、横腹、おなか、わきの下、の順序になるらしいこともわかりました。実際には彼らの実験では行われていませんが、もしシャムネコを温室で飼育したとしたら、白ネコに変わることになるのでしょうね。

カメレオンとブルーキャット

C遺伝子の変化で、毛の色がなくなることを述べましたが、ほかにも毛色を薄くするD遺伝子とi遺伝子があります。野生型のネコはD－で表されます。D－は先ほども述べたように、DDかDdのどちらかという意味です。D遺伝子がともにdに変化した場合、すなわちddでは色が薄くなります。

ｄ遺伝子は劣性です。黒ネコになる遺伝子を持っているネコがｄｄだと、灰色ネコになりますが、このようなネコを「ブルーキャット」といいます。茶色ネコがｄｄを持っている場合はクリーム色になります。ｄｄの場合、メラニン顆粒が凝集してしまい、そのため全体として光の吸収が減り、淡い色になります。

例えば、黒ネコの毛を顕微鏡で見てみると、黒っぽい茶色または黒の、メラニン顆粒とよばれるメラニン色素のかたまりが、均一に分布しています。それに対してブルーのネコの毛では、メラニン顆粒の色そのものは黒ネコと変わりませんが、顆粒は大きく不均一です。

黒ネコのメラニン顆粒が、直径約〇・五マイクロメートルで長さが一・五～二マイクロメートルくらいであるのに対して、ブルーの場合は、直径約一マイクロメートルで長さが二～三マイクロメートルくらいか、もっと大きいものもあります。また顆粒の分布も不均一であるのが特徴で、そのため全体のメラニンの量は黒ネコとあまり変わりがなくても、色が薄く見えます。ヒトでは、このＤ遺伝子が第一五染色体にあることがわかっています。メラノサイトで作られたメラニンは、毛が作られる場所まで運ばれる必要があります。Ｄ遺伝子は、このメラニンを運ぶのに必要な、ミオシンというタンパク質の遺伝子であることがわかっています。

カメレオンやある種のカエルなど、まわりの色に似せて身体の色を変えることのできる生き物がいます。色の変化は保護色とよばれています。このような生き物は、メラニン顆粒を自由に凝集させたり分散させたりすることによって、色を変えることができます。ネコの毛の場合は、凝集させたり分散させたり変化させることはできませんが、メラニン顆粒の集まり方で色が違って見えるという点では、カメレオンと同じです。

このほかに、日本では非常に少ないですが、シルバーのネコをたまに見かけます。おそらくシルバーのアメリカンショートヘアーが野良ネコになった、その子孫でしょう。シルバーは、I遺伝子によって引き起こされます。野生型はi遺伝子ですが、これが変化したI遺伝子からできるタンパク質は、メラニンのうちフェオメラニン（茶色）の毛での蓄積を阻害することで色を薄くします。

I遺伝子は優性の変異なので、IiまたはIIでシルバーになります。しかし、この後述べるWやOよりは弱いので、wwでかつoでないとシルバーにはなりません。アグチのタビー模様のネコが、シルバーネコになります。

もっと日本では見かけない毛色に、B遺伝子によるものがあります。**brown**（茶色）からB遺伝子と名付けられています。野生型はBで優性ですが、劣性のbbに、aaすなわち黒ネコにする遺伝子が加わると、ネコの毛色は全体に濃いチョコレート色になるそうです。その毛色の品種をハバナ種とよびます。blの多型もあるそうで、aablblでは薄いチョコレート色、すなわちミルクチョコレートの色になります。Bはbに対して優性であり、bはblに対して優性です。

白ネコとワンマン社長

ではつぎに、よく見かける全身が真白の「白ネコ」について述べましょう。ネコの場合、先にふれたようにほかの動物で見られるC遺伝子によるアルビノ（白子）ではなく、白ネコになるためには別の遺伝子「W」が関わっています。普通に見かける白ネコは、すべてこの遺伝子を持っています。野生型はwwで、これはキジネコですが、どちらか一つでもW（すなわちW－）であれば、そのネコは白色になります。

Wとwは対立遺伝子で、wがあってもWの方の性質が現れるので、Wはwに対して優性です。さらにW遺伝子は、ほかの毛色の遺伝子と違う面白い性質を持っています。それは、もともとタビー模様や茶や黒色を持っているはずのネコでも、W遺伝子が同時にあれば、そのネコは必ず白ネコになるということです。

すなわちW遺伝子があれば、ほかの色を決める遺伝子、例えばAやBやoなどがなにであっても、からだ全体が白いネコになります。このようなとき、W遺伝子はそれらほかの遺伝子に対して「上位にある」といいます。逆に、ほかの遺伝子はWの「下位にある」といいます。Wは対立遺伝子であるwに対してだけでなく、ほかの毛色遺伝子すべてを抑えて自分の意見（白くする）を通します。毛色の遺伝子の中で、一番偉いのです。部下の意見をまったく聞かない、ワンマン社長のようなものです。

ネコとがん遺伝子

このネコのW遺伝子については、まだ完全には明らかになっていませんが、ネズミのW遺伝子については、いろいろとわかっています。ネズミでも体毛が白くなるW変異が知られています。この変異遺伝子がＫＩＴとよばれる遺伝子と同じものであることが、明らかになっています。ＫＩＴ遺伝子は、もともとはネコにがんを引き起こすウイルスが持っている遺伝子、いわゆるがん遺伝子として、最初に同定されました。ネコにも、がんやエイズがあります。

エイズは、エイズウイルスという、細菌よりもずっとずっと小さなウイルスが感染することによって、引き起こされます。一方、がんは一般には次の二つのどちらかによって生じます。一つは、もともと細胞にあって、増殖に関わっている正常な遺伝子が、紫外線やX線、あるいは化学物質などによりおかしくなって、がん細胞が生じる場合（化学発ガン）です。

もう一つは、正常細胞にがん遺伝子を持つウイルスが感染する場合です（ウイルス発ガン）。ウイルスが持っているがん遺伝子も、もとをたどれば正常細胞にあった増殖に関わる遺伝子が、ウイルスが感染を繰り返す間におかしくなったものです。ウイルスにとっては、自分がたくさん増えるためには、このような宿主細胞をがん化させる遺伝子を持っている方が有利なのです。

これまでにたくさんのがん遺伝子が見つけられています。すでに述べたように、ネコに感染するウイルスから見つかったがん遺伝子が、ＫＩＴと名付けられました。がん遺伝子の研究に、ネコが役に立った例の一つです。この遺伝子と同じものは、ネズミやヒトなどのほ乳動物にも存在します。ネコではＢ1染色体上に、ヒトでは第四染色体上にあります。ＫＩＴ遺伝子から作られるタンパク質は、細胞が増殖分化するときに必要なシグナルを伝えるのに、重要な働きをしています。

メラニンは、メラノサイトとよばれる特殊な細胞によって作られることを、前に書きましたが、ＫＩＴ遺伝子に異常があると、メラノサイトが正常に発生分化しなくなります。したがって、毛の色をつくるためのメラニンの合成ができなくなり、白ネコになります。さらに、Ｗのネズミやネコでは体毛が白くなるだけでなく、ほかにもいろいろと障害を持つことが知られています。例えば白ネコが聴覚障害を持っていることは、よく知られています。

なぜ、Ｗのネコでは聴覚障害が起こるのでしょうか。同じようにメラニンができないｃ遺伝子の変異では、Ｗのような聴覚障害は起こりません。それはｃの変異ではメラニンを作れないだけであるのに対して、Ｗ変異ではメラノサイトやその他のいくつかの細胞そのものの発達に異常が生じるためです。

音を神経細胞に電流として伝える耳の器官の一つに、蝸牛とよばれる器官があります。その中にある有毛細胞（ヘアーセル）がきちんと機能しないと、聴覚障害が起こります。有毛細胞はその名のとおり、毛が生えています。毛の周りにはメラノサイトがあり、W変異でメラノサイトの発生に異常が生じ、その結果、正常な有毛細胞ができなくなることは、十分考えられます。したがって、メラニンが直接の聴覚障害の原因ではなく、細胞の発生異常によるものです。白ネコを飼うときには、この聴覚障害に気をつけてやらなければなりません。

白ネコと黒ネコの子供たち

さてここで、前に書いた白ネコと黒ネコの両親から生まれてくる子ネコの毛色について、考えてみましょう。白ネコはW遺伝子をもっているのに対して、黒ネコは持っていません。ですから黒ネコと黒ネコの両親から白ネコが生まれることはありません。一方、白ネコどうしの両親から、黒ネコが生まれる可能性はあります。一見不思議なようですが、遺伝型を考えればわかります（図34）。もちろん、少なくとも片方の親がWWであれば、子ネコはすべて白ネコです。それに対して両親ともにWwの白ネコのときは、四分の一の確率でwwの子ネコが生まれます。白ネコの場合は、a遺伝子を持っていても、それにかかわりなくWのために毛色は白になります。したがってWwの白い親ネコが、やはりどちらもａ遺伝子をもっていれば、ｗｗａａの黒ネコが生まれることになります。

ではつぎに、白ネコと黒ネコの子供について考えてみましょう。前に白ネコと黒ネコの子供は、白ネコか黒ネコか、あるいは白と黒の混ざった模様か、それとも灰色か、と書きました。これまでの毛色遺伝子について読んでこられた方は、もう答えがおわかりでしょう。黒ネコは、ｗｗａａ遺伝子をもっています。一方、白ネコはＷＷまたはＷｗで、ほかはわかりません。したがって、白ネコがＷＷであれば、生まれてくる子ネコはすべて白ネコです。

それに対して、白ネコがＷｗであれば、子ネコの半分は白ネコです。後の半分は、白ネコのアグチ遺伝子がＡＡかＡａかａａかによって、いろいろな毛色になり得ます。ＡＡなら、子ネコは普通のアグチになるし、ａａなら黒ネコになります。Ａａならア

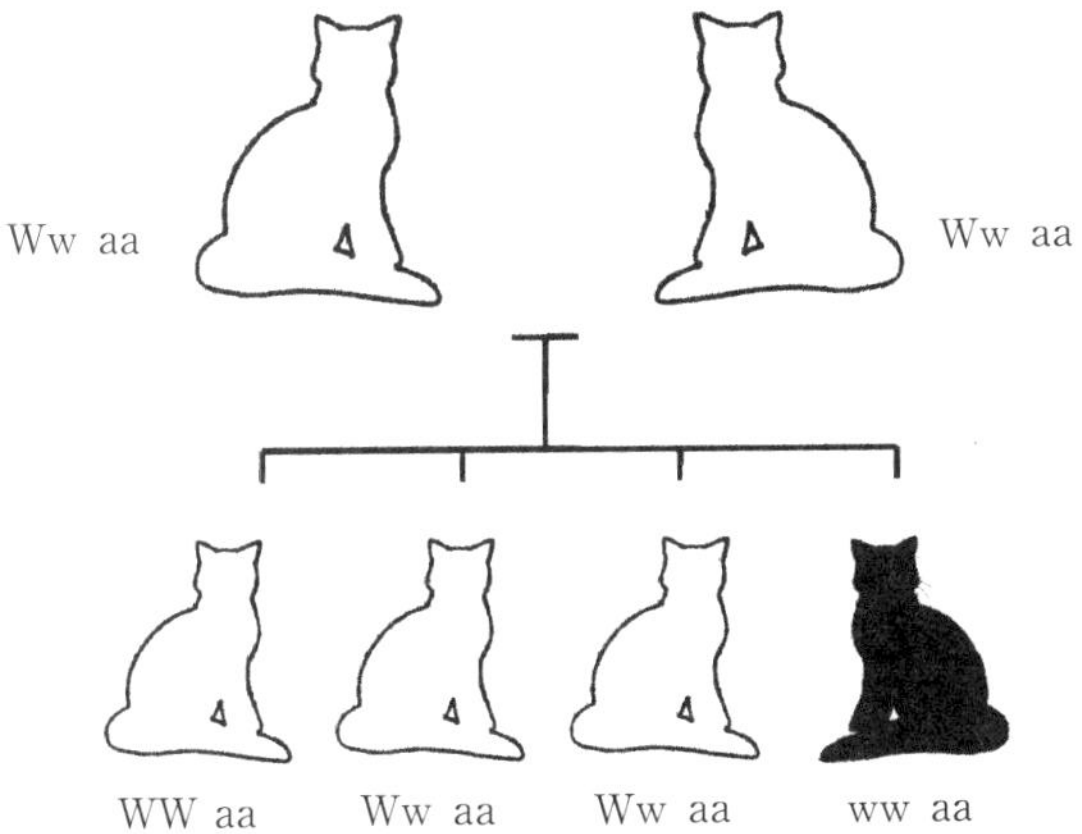

図34　白ネコの子供

グチと黒ネコが半分ずつになります。すなわち、白ねこがWwAaであれば、子ネコは白が半分、黒が四分の一、アグチが四分の一となります。

そのほかにも、白ネコがS遺伝子をもっていれば、アグチや黒の子ネコには白の斑も出ます。白ネコと黒ネコがd遺伝子をもっていれば、子ネコの中には灰色ネコ（ブルー）になる可能性もあります。つまり、白ネコと黒ネコの両親から、白ネコが生まれることもあるし、黒ネコが生まれることもあるし、また白と黒の混ざった斑ネコや灰色ネコが生まれることもあるのです。

タビー模様

白黒の毛色や毛の長さを決めている遺伝子の場合は、基本的には対立遺伝子が二種類です。Aかa、Lかlなどです。しかし、一つの遺伝子で三種類以上のパターンを示す例もあります。前に出てきたヒトの血液型のABOが有名ですし、アルビノ遺伝子のCとcとc^hなどもそうです。そのほかにも、ネコのからだの縞模様を決めている遺伝子にも、対立遺伝子が複数あります。

先に述べたように、もともと野生型のネコはキジネコです。これはアグチパターンの毛が、全体として重なりあってタビー模様とよばれる縞模様を作っています。アグチパターンが変化して、黒くなったり白くなったりするのは、これまで述べたとおりですが、縞模様の方はまた別の遺伝子によって決められています。黒ネコでも、よく見れば縞模様があるのがわかります。

この縞模様を決めている遺伝子には、代表的なものが三種類あります。野生型の縞模様は、Tで表されます。その他に、縞が消えて全体に均一になった変異（アビシニアン）と、縞がより大きな斑点のようになった変異（ブロッチドタビー）があります。それぞれT^aとt^bと表されます（図35）。

野生型の縞模様のタビーのネコは、ゆるやかに湾曲した縞模様が身体にあり、手足やしっぽにも連続した横縞の模様があります。顔の頬や額にははっきりした歌舞伎役者のメーキャップのような縁どりがあります。このような縁どりはネコ科の特徴らしく、山ネコやトラ、ピューマなど広く見られます。

一方、アビシニアンでは、身体の大部分でタビー模様が消え、縞模様は手足やしっぽの先だけに

タビー

ブロッチドタビー

アビシニアン

図 35　タビー模様

限られるか、あるいはほとんど見られなくなります。顔のメーキャップのような模様も薄くなります。ブロッチドタビーでは、タビー模様はより強調されたようになって、縞は渦巻きのように変わり、身体の側面でしみのように見えます。ブロッチドとは「しみのような」という意味です。手足やしっぽの先の縞はより顕著になります。ヨーロッパでは、昔はこのブロッチドタビーのネコの方が主流だったので、一時期はこちらが野生型だと思われていました。そのためネコの本には、クラシックタビーと書かれていることがあります。

これらの三種のタビー模様を持つネコの遺伝子のタイプを記号で表すと、TT、TT^{a}、$T^{a}T^{a}$、Tt^{b}、$T^{a}t^{b}$、$t^{b}t^{b}$の組合せができます。このとき、TTと$T^{a}T^{a}$と$t^{b}t^{b}$はおのおの、タビー、アビシニアン、ブロッチドタビーとなります。ブロッチドタビーは$t^{b}t^{b}$のときにしか現れず、Tt^{b}と$T^{a}t^{b}$はそれぞれ、タビーとアビシニアンになります。すなわちt^{b}はTやT^{a}に対して劣性です。

ところがTT^{a}の場合は、身体の大部分は縞がなくなり、縞模様は手足やしっぽの部分だけに限られます。つまり少しだけタビー模様が残ります。$T^{a}T^{a}$では、この手足やしっぽのタビーもほとんどなくなります。すなわち、T^{a}はTに対して優性ですが、完全にTの性質がなくなってしまうわけでなく少し残ります。このようにT^{a}はTに対して不完全優性です。不完全優性は、前にS遺伝子のところで出てきましたね。

以上の話はAAまたはA-の場合ですが、後で述べる茶色の遺伝子Oが同時にあると、茶の縞模様やアビシニアン、あるいはブロッチドタビーになります。またａａのときには、タビーの模様にかかわらず黒になるので、先ほどのＷ遺伝子の場合と同様、ａはＴ遺伝子に対して上位にあるといいます。

7　三毛ネコの毛色はどうしてできるの？

雄と雌の違い

三毛ネコの三色の毛色は、原則として雌にしか見られません。三毛猫ホームズは、男性の名前ではありますが、れっきとした雌ネコです。作者も本の最初にそう断っています。進化論で有名なチャールズ・ダーウィンも、このことに気がついていました。一八七一年に出版された「人類の由来と性別に関わる選択」という彼の本の中で、「原則として、三毛ネコは雌のみである」と書いています。雄の三毛ネコもいないわけではありませんが、非常にめずらしいのです。以前は、雄の三毛ネコは非常な高値で、売買されたこともあったそうです。これは遺伝学的には、通常は雌しか三毛にならないからです。したがって、雄の三毛ネコは普通は遺伝異常であり、子供を作れないものがほとんどです。

ではどうして三毛ネコは雌だけなのでしょうか。それには、三毛ネコの毛色はどのようにしてできるのかを理解しなければなりません。このことを述べる前に、まず雌と雄では遺伝子はどのように違っているのかを考えてみましょう。われわれヒトでもネコでも、遺伝情報を担っているのは染色体DNAであることは初めに述べました。ヒトの場合、染色体は二三組四六本あります。ネコの場合は一九組三八本持っています。

各組は、おのおの父親と母親から一本ずつ受けついでいます。その内の、一八の組（ネコの場合）はそれぞれほとんど同じものです。これらは常染色体とよばれています。これは雄でも雌でも共通です。ほとんどというのは、遺伝子によっては優性、劣性の変異があったり、前に述べたミクロサテライトなど、よくよく見ると違っているところがありますが、遺伝子の並び方などは基本的には同じであるという意味です。

それに対して、残りの二本は性染色体といい、雌は二本のX染色体を、雄はX染色体とY染色体をおのおの一本ずつ持っています。XとYは大きさもまったく違い、この組合せが雄か雌かを決めています（図36）。生殖細胞において、雌の場合は一八本の常染色体と一本のX染色体を持った卵子、つまり同じ種類の染色体DNAの組合せを持った卵子を作ります。一方、雄の場合は一八本の

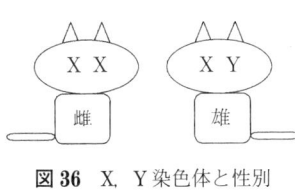

図 36　X, Y 染色体と性別

常染色体と一本のX染色体を持った精子、あるいは一八本の常染色体と一本のY染色体の組合せを持った精子を作ります。精子と卵子は、からだの普通の細胞に比べて半分の数の染色体を持つことになります。

この精子と卵子が受精により融合して、再び三八本の染色体をもつ受精卵になり、これから個体が発生します。卵子は必ずX染色体を持っていますが、これがX染色体を持つ精子と融合して一つの細胞になれば雌が生まれ、Y染色体を持つ精子と融合すれば雄が生まれます。これはヒトでもネコでも同じです。

もっとも、いつもXXが雌でXYが雄かというと、世の中には必ず例外があるもので、逆の生物もいます。鳥とか蛾や蝶では、XYが雌でXXが雄です。しかしいずれにしても、雄と雌の違いは、X染色体とY染色体の組合せの違いによるのです。

茶色遺伝子

三毛ネコは、白と黒と茶の三色があざやかです。しかしこれだけが三毛ネコではありません。少し目立ちませんが、白と茶にタビー、すなわちキジ模様がまじった三毛ネコもいますし、白い部分が少ないと一見三毛に見えないネコもいます。また聞きなれませんが、二毛ネコというのもいて、白い部分はなくて黒と茶，またはキジと茶のネコもいます。
英語では三毛をトータスシェル（亀のベッコウ）といい，二毛をキャラコ（南インドの地名である カリカットから名前が由来した織物）とよぶそうです。三毛も二毛も現象としては同じで，ある一つの遺伝子（茶色遺伝子）の働きによるものです。三毛の場合は，二毛にさらに部分的に白色が加わったものです。この部分的に白にする毛色の遺伝子は，前に出てきた白色の斑を作るS遺伝子によるものです。

キジ色になるか黒色になるかを決めるのは，何度も出てきたA遺伝子です。それにさらに茶色遺伝子が加わって，三毛ネコの毛色ができます。この茶色遺伝子が，三毛や二毛になるための重要な遺伝子です。

この茶色遺伝子は，毛のアグチパターンの特徴である黒・茶・黒の色のパターンを，すべて茶色にしてしまう変異です。前にアグチ・肥満症候群の話のときに，アグチタンパクがおかしくなった場合に毛色が茶になる例を述べましたが，これとはまったく別の遺伝子です。「オレンジ」色からOと名付けられたこの遺伝子は，おそらくはユーメラニンの生成に関わっていると思われます。この遺伝子が機能しないとユーメラニンができなくてフェオメラニンばかりになるので，毛はすべて茶色になります。

ほかの毛色遺伝子に比べてこの茶色遺伝子のユニークな点は，X染色体上にあることです。野生型はｏです。したがって雄の場合はX染色体を一つしか持ちませんので、X染色体上の遺伝子がｏ、すなわちｏYなら野生型、O、すなわちOYは茶です。野生型というのはキジか黒かで、どちらになるかは、前に述べたようにA遺伝子によるので、AAまたはAａのときにキジで、ａａのときに黒になります。

O変異はAやａに対しては上位です。W遺伝子のところで述べたように、上位の遺伝子は下位の遺伝子が何であろうとかまわず、その表現型を示します。すなわちO遺伝子のときには、Aであろうとａであろうと無関係に茶になります。言い換えれば茶ネコの場合は、アグチ遺伝子はAかａかはわかりません。

三毛ネコの毛色

このように雄の場合、X染色体上のｏ遺伝子が野生型ならアグチ、変異型のOなら茶色となります。雄の場合、X染色体は一つしかないので、話は簡単です。では雌ネコの場合はどうでしょう。雌ネコはX染色体を二つ持っていますので、話がややこしくなります。

遺伝子の組合せとしては、OOとｏｏとOｏの可能性があります。OOは茶色で、ｏｏの場合は野生型（つまりA－のときはキジで、ａａのときは黒）です。最後のOｏの場合はどちらでしょうか。Oが優性変異なら茶色になりますし、劣性なら野生型です。ところが物事はそんなに単純ではないところが困ります。この場合、優性とか劣性とかいえないのです。それはこの遺伝子がX染色体上にあるせいです。

そもそも雌はX染色体を二つ持っています。それに対して雄は、X染色体とY染色体を一つずつ持ちます。このY染色体は図を見てもわかるように、X染色体に比べて非常に小さいのです。Y染色体上には、雄になるための遺伝子がいくつかありますが、普通の酵素の遺伝子などはほとんどありません。一方、X染色体は大きく、普通の酵素タンパク等の遺伝子などがたくさん含まれます。したがって、雌がX染色体を二つ持っているということは、雄に比べてそこに含まれる遺伝子も二倍持っているということになります。

一般に同じ遺伝子が二つあれば、それから作られる酵素などのタンパク質の量も二倍になります。三つあれば三倍になります。ということは、雌は雄に比べていくつかの酵素を二倍持つことになります。例えばX染色体DNA上には、グルコース六リン酸脱水素酵素の遺伝子があります。この酵素はグルコースの代謝に関わっていますので、この酵素をたくさん作る人は、代謝の速度も早いことになります。

では雄と雌では代謝速度が違うのでしょうか。そんなことはありません。もしある酵素が雌だけで多く、そのため雄と雌ではいろいろな物質の代謝が違うことになれば、それは不公平です（もちろん特別な例でそのようなこともありますが）。普通はそんなことはありません。

それでは生物はこのXが二本の問題を、どのようにして解決しているのでしょうか。じつは、ほ乳動物では雌の場合だけ、二つあるX染色体のうち一つを働かなくしてしまう機構があるのです。片方のX染色体を一個丸ごと凝集させて、機能しなくなるようにしています。そうすれば雄と同じバランスになります。この機構を「X染色体不活性化」といい、この機構を提唱した女性科学者Lionにちなんで、ライオナイゼーションとよばれています。またこのとき、凝集して不活性化されたX染色体を、その凝集したX染色体を発見した女性科学者Barrにちなんで、バール体といいます。雌のX染色体の研究に関しては、どうも女性が強いようです。

さて、一個の受精卵は、卵割により二個、四個、八個と倍々に増えていき、やがて胚になり胎児になります。このX染色体の凝集は、受精卵がだいたい二〇個ぐらいに増えた時点で起こるそうです。ではそのとき、二個あるX染色体のうちどちらが凝集するのでしょうか。二つのX染色体のうち、一つは精子からと一つは卵子から、すなわち父親と母親からそれぞれ受け継いだものです。したがって、父親からもらったX染色体を凝集させるか、母親からもらったX染色体を凝集させるかの二通りあります。これはまったくの偶然によって起こります。

卵割により二〇個ぐらいに増えたとき、ある細胞は父親からのX染色体を凝集させ、ある細胞は母親からのX染色体を凝集させることになります。しかもいったん凝集したら、それ以後はその細胞が増えるときには、必ず同じ由来のX染色体が凝集し、最終的にからだの一部分となります。すなわち、いったん父親由来のX染色体が凝集したら、それ以後はずっと父親由来のX染色体は働きません。逆も同じです。つまり、からだのある部分では父親由来のX染色体が働かず、また別のある部分では母親由来のX染色体が働かないということが起こります（図37）。

前に、一卵性双生児の指紋の話を書きました。男性の場合、遺伝情報は同じなので、基本的には指紋も非常によく似ています。それに対して女性の場合は、このX染色体不活性化のために、同じ遺伝情報を持っていてもその遺伝子が機能するかしないかは違ってきます。したがって、一卵性双生児でも指紋のパターンはかなり異なります。また、前に出てきた三毛ネコのクローンの場合、このどちらかがすでに不活性化された細胞のゲノムを使っていますので、三毛ネコにしかなりません。

さてそれでは、三毛ネコの毛色について話を戻します。先ほどの茶色遺伝子の問題、すなわち、Ｏｏ遺伝子を持つ雌のネコの場合には、どのようなことが起こるのか考えてみましょう。

この場合、子ネコは父親と母親からそれぞれX染色体上のＯ遺伝子とｏ遺伝子を受け継ぎます。それが身体のある部分では父親由来のX染色体が凝集して働かず、またある部分では母親由来のX染色体が凝集して働きません。ということは、からだのある部分、例えば背中ではｏ遺伝子が働き、また肩のあたりではＯ遺伝子が働くことになります。

したがって身体のあちらこちらで、ｏ遺伝子の場合は野生型の毛色になり、Ｏ遺伝子の場合は茶

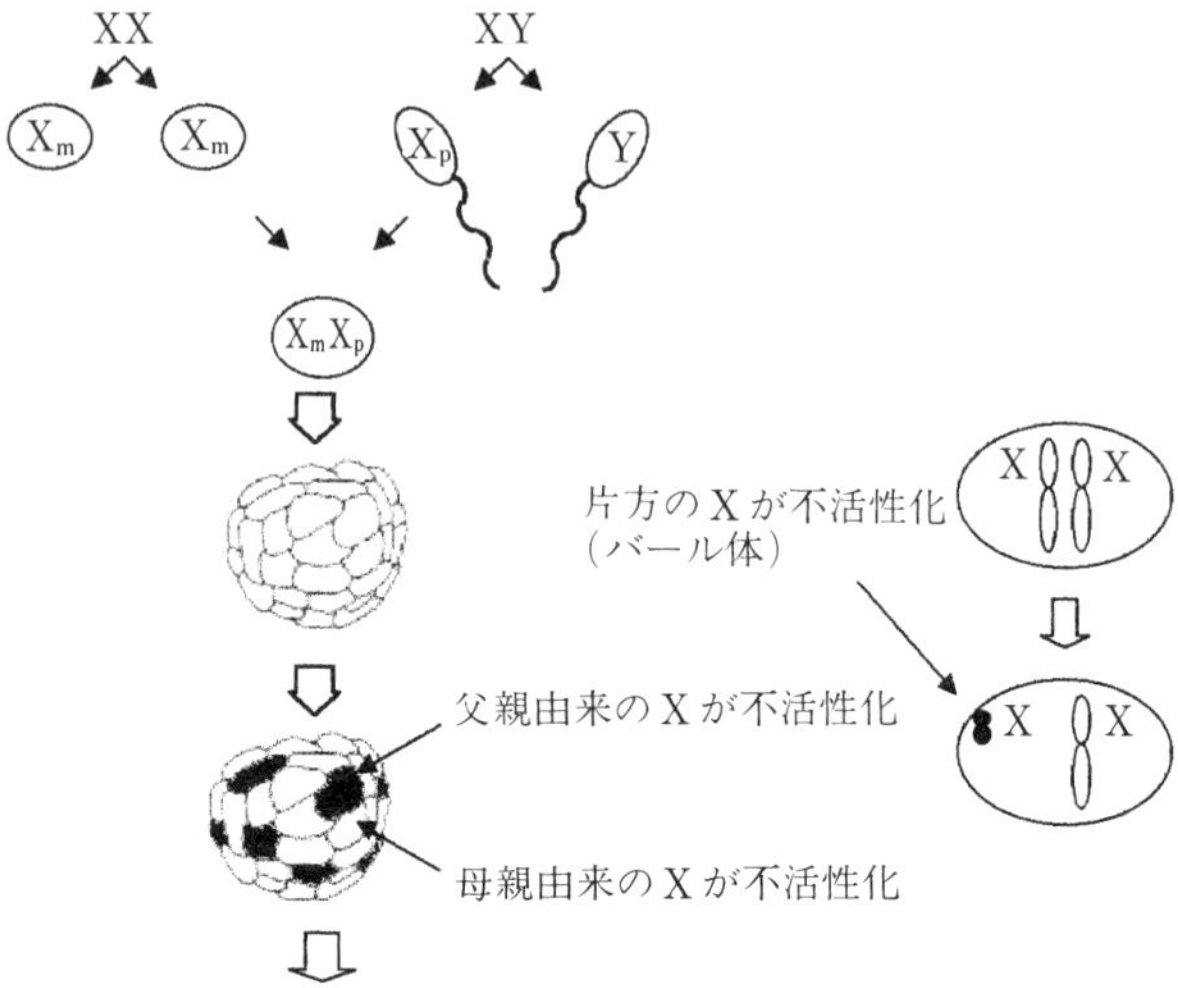

図 37　X 染色体不活性化

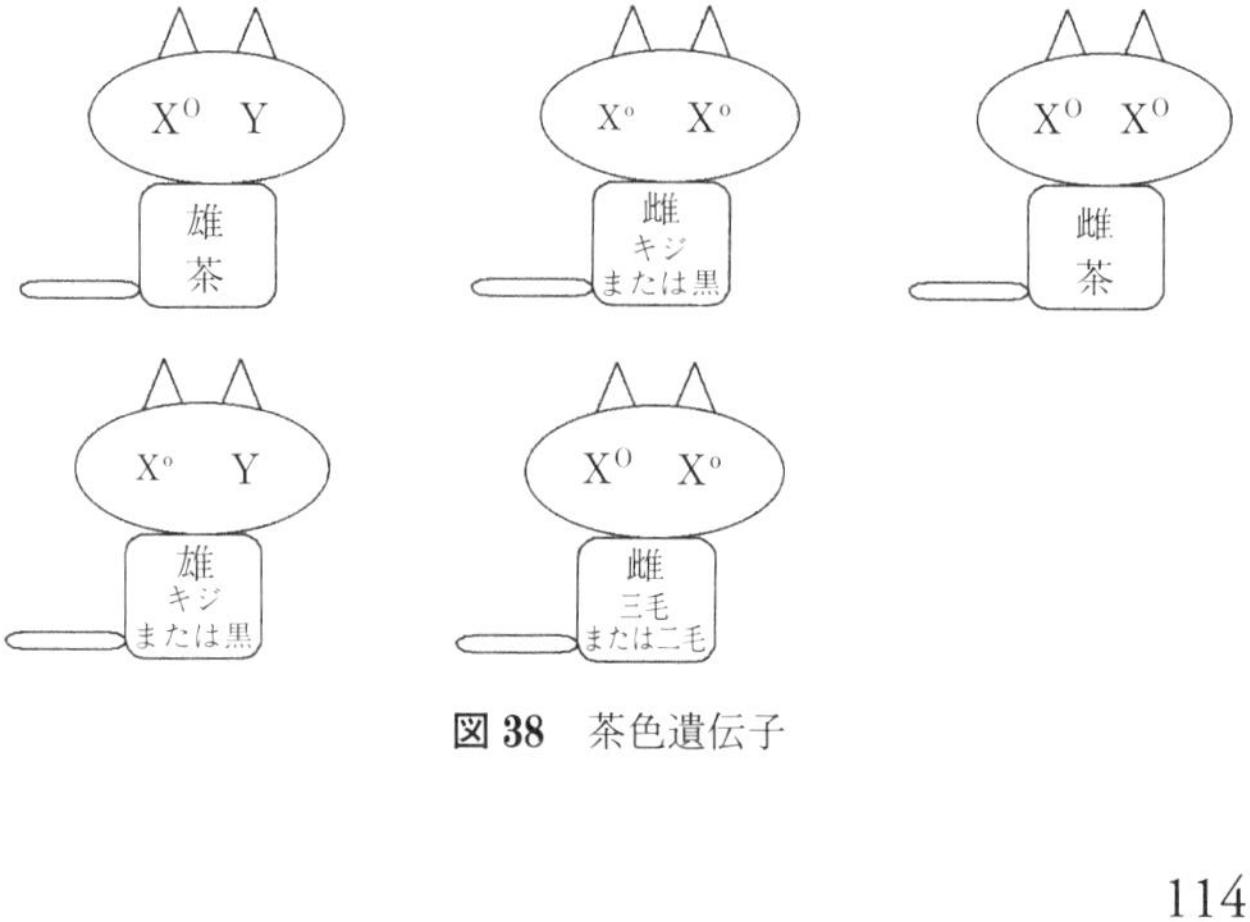

図 38　茶色遺伝子

色になります。その結果、ＡＡまたはＡａとＯｏの組合せのときには、キジと茶の二毛になり、ａａとＯｏの組合せのときには、黒と茶の二毛になります。これにさらにＳ－が組み合わさると、スポットすなわちお腹などに白が混じり、かくして三毛ネコができあがることになります（図38）。

以上のことからわかるように、三毛は遺伝学的には雌ネコにしか生じません。したがって、三毛ネコと三毛ネコの両親から、三毛ネコの子供が生まれるということはないので、血統書付きの三毛ネコなどというものは存在しません。

雄の三毛ネコ

このように二毛、あるいは三毛はＸ染色体が二つあるとき、すなわち雌でのみ見られる現象です。言い換えれば、雄の三毛ネコはいないはずです。しかしながら何事にも例外があり、非常にまれではありますが、雄の三毛ネコがたまに見つかることがあります。ではどのようなときに、雄の三毛ネコが生まれるのでしょうか。

大きくわけて、三つの可能性があります。染色体の核型異常の場合と、からだの細胞がモザイク状になった場合、そしてからだの一部でｏ遺伝子に変異が生じた場合です（図39）。まず核型異常の場合ですが、核型というのは、染色体の種類と数の組合せです。

初めに述べたように、ネコの染色体の数は、一八組の染色体とXXあるいはXYと決まっています。XXが雌でXYが雄です。しかし、たまにXXYを持つ個体が生まれることがあります。これを核型異常といいます。このネコはYを持っていますので雄になります。

ヒトの場合でも、XXYの例が知られており、一〇〇〇人に一人の割合で生まれるといわれています。手足が大きく、また足が長いのが特徴です。無精子症で子供は作れません。軽度の知的障害を伴う場合があり、クラウンフェルター症候群とよばれています。

雄の三毛ネコもほとんどの場合がこのXXYです。Yを持っているので雄ですが、Oとoの X染色体を持っているので、この場合もX染色体不活性化が起こり、三毛ネコになります。しかしながら、ヒトの場合と同様に子供を作れません。したがって、三毛ネコの両親から三毛ネコの子供を生

図 39 雄の三毛ネコ

ませる、ということはできないのです。

これに対して、からだの細胞がモザイク状になったことによる雄の三毛ネコの場合は、子供を作ることができます。モザイク状とは二種類の細胞が混じった状態で、受精後の発生の初期の過程で、二つの異なった個体が融合してしまった結果です。ネコは複数の子を同時に産みますので、たまに受精卵どうしがくっついて、一つの個体になることがあります。

XYとXYが混じった場合は、普通のXYと区別はつきにくいのですが、XXとXYがモザイクになった場合は、細胞の核型を調べればすぐにわかります。からだの足や胸、おしりといった部分が、それぞれ別の型の細胞の集団です。例えば、茶色の細胞と黒の細胞が混ざった場合です。雄であるということから、生殖細胞はXYであり正常で、普通の茶色の細胞や黒の細胞と変わりはありません。したがって、子供を作ることができます。

三番目のo遺伝子の変異による雄の三毛ネコというのは、これは発生の過程で一部の細胞において、o遺伝子がOに変化した場合です。身体の細胞はすべてXYです。二種類のXY細胞が混じりあったモザイクの場合と区別をするのは難しいです。モザイクの場合と同様、子供は作れます。

雄の三毛ネコについて、文献などをもとにその核型を調べた研究者がいます。その研究によると、調べた合計三八四匹の雄の三毛ネコのうち、XXYのタイプが一一匹、XXとXYのモザイクが七四匹、XYのタイプが六匹、あとは非常に複雑な核型をもっていたそうです。

Y染色体と親子鑑定

前に家系の話の中で、交さということを述べました。二二対の常染色体やX染色体が、対になった染色体の間で、いろいろ組合せを替えて子孫に伝わります。これに対し、雄が持っているY染色体だけは、組替わる相手がいません。Y染色体は、細胞内で一本しかないからです。言い換えれば、Y染色体はそのまま変化することなく、ずっと子孫に伝えられることになります。

したがって、Y染色体上にあるミクロサテライトなどの多型も、そっくりそのまま子孫に伝えられます。これを親子鑑定や、ときとしてはるか後世の子孫の鑑定に用いることができます。もちろん父親と息子、あるいは男系の子孫のみに適用できることですが。Y染色体を比べることにより、同じ男性の子孫であるのか、そうでないのかがわかるのです。

その例として、五代目の子孫のDNA鑑定をして、息子であるかないかを調べた例がアメリカで報告されました。アメリカの独立宣言の起草者の一人でもある、第三代大統領トーマス・ジェファーソンは、彼の家の奴隷の女性が産んだ子供の父親であると、長い間とりざたされていました。まだ奴隷制度が公に認められていた、約二百年前のことです。その奴隷の子供が、本当にジェファーソンの子供かどうかが、DNA鑑定により調べられました(図40)。

ジェファーソンには、正式な息子はいなかったので、彼の父方の兄弟の子孫（六～七代目）五人と、ジェファーソンの息子だとうわさされていた人の、四代目の子孫のY染色体の多型が、比較されました。Y染色体は一種類しかないので、本人の直系の子孫でなくても、父系の子孫ならば、やはり同じはずです。その結果、一一か所のミクロサテライトを含む、二二の多型がすべて一致しました（実際には、うわさされていた人ではなく、その弟と一致したのですが）。このような一致は、偶然では起こりえないので、非常に高い確率で、彼はトーマス・ジェファーソンの息子であることがわかりました。

毛色のパターン

さて話をネコの毛色に戻して、これまでの毛色遺

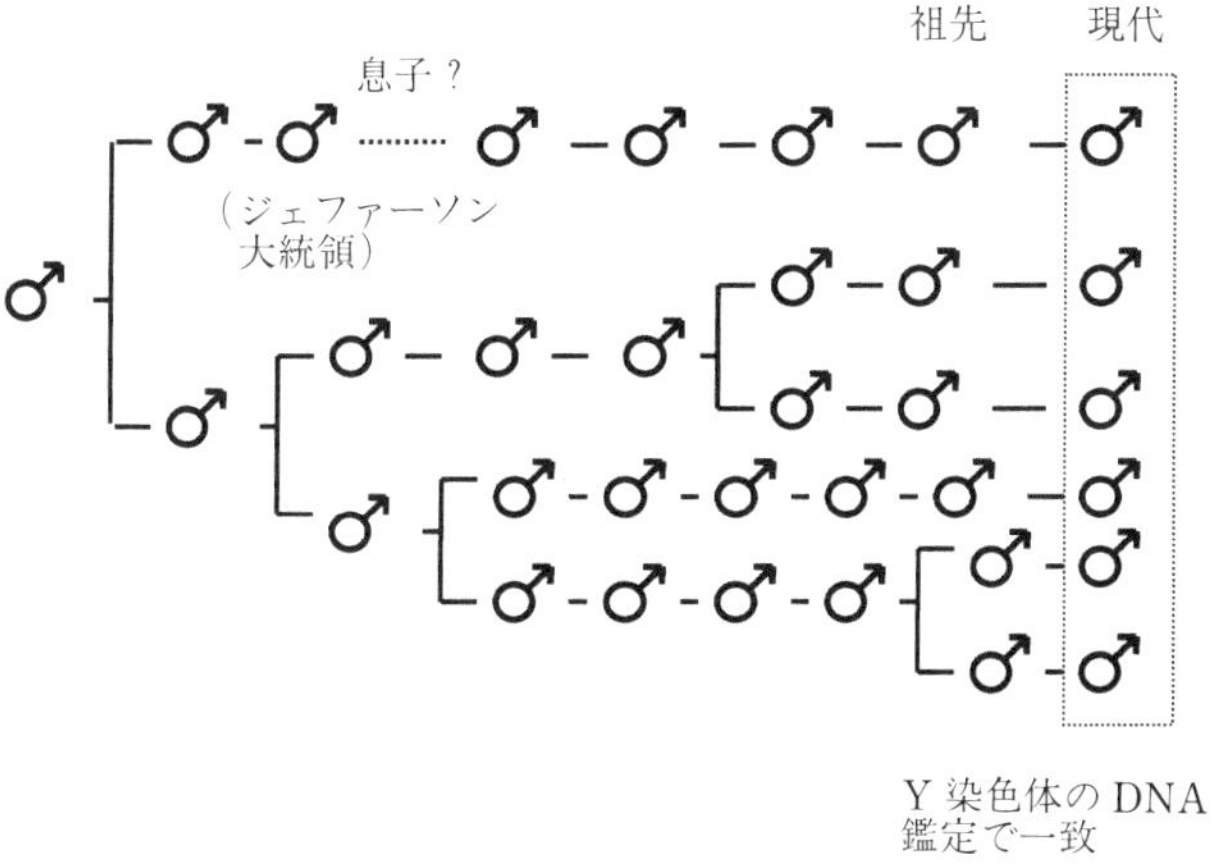

図 40　Y 染色体による DNA 鑑定

表1　毛色遺伝子による毛色のパターン

表現型	遺伝型								
野生型（キジ）	ww	o	A-	B-	C-	T-	ii	D-	ss
白	W-	=	=	=	=	=	=	=	=
茶	ww	O	=	=			=		
黒	ww	o	aa	B-	C-	=	=		
カラーポイント	ww				c^hc^h				
アビシニアン	ww		A-			T^a-			
ブロッチドタビー	ww		A-			t^bt^b			
銀	ww						I-		
淡色	ww							dd	
キジ斑	ww	o	A-						S-
白黒斑	ww	o	aa						S-
茶斑	ww	O	=						S-
キジ二毛	ww	Oo	A-						ss
黒二毛	ww	Oo	aa						ss
キジ三毛	ww	Oo	A-						S-
黒三毛	ww	Oo	aa						S-

=　は下位にある遺伝子で，その表現型は表には現れない。

伝子による毛色のパターンをまとめると、表1のようになります。前にも書きましたが、アビシニアンや銀色や淡色のネコは、ペットショップ以外では、日本ではあまり見かけません。でも、一度だけ銀色のネコが空地を散歩しているのを、見たことがあります。この表を参考にして、近所のネコの毛色の遺伝子を、推定してみてください。

あとがき（再び、子ネコの親は？）

学校の駐車場の隅に、以前三毛ネコがいました（写真2）。一年半ほど住みついていました。とても人なつこいネコで、学生たちが近寄っても、平気でした。私は勝手に「ミーコ」と名付けていましたが、みんなから餌をもらって、かわいがられていました。私もよく餌をやるのでなついてくれて、私の顔を見ると寄ってきました。「ミーコ、おいで」とよぶと、建物の反対側までついてきました。私の車の中にキャットフードがあり、ついていけばそれをもらえることを、知っていたからです。

さてミーコは白と茶とキジの三毛ネコでした。白の部分はあまり大きくありません。もちろん雌で、二回子ネコを生みました。二回目は四匹生まれました。彼女と同じ三毛が一匹と、白とキジが二匹と、白と茶が一匹です。白とキジの子ネコは、雄

写真2　ミーコ

と雌が一匹ずつでした。ではこの子ネコたちの父親はどんなネコだったのでしょうか。それらしい雄ネコは見かけませんでしたが、子ネコの毛色から父親が推定できるか考えてみましょう。

まず、父親が白ネコであるとすると、その遺伝型はＷＷかＷｗのどちらかです。ＷＷであれば、子供には必ずＷ遺伝子が伝わるので、母親がどんな遺伝子を持っていようとも、子供はみんな白ネコになります。また父親がＷｗであれば、子供の半分は白ネコになります。駐車場の子ネコたちには白ネコはいないので、おそらく父親は白ネコではないでしょう。父親がＷｗで、たまたま全員ｗ遺伝子だけをもらい、Ｗを受け継いだ子供はいなかった、という可能性はまったくないわけではありませんが、四匹も子供がいればおそらくそういうことはないでしょう。

ではおなかの辺りに白色を生じるスポットの遺伝子Ｓについてはどうでしょうか。ミーコは三毛でおなかの辺りに白があるので、Ｓ遺伝子を持っていることがわかります。Ｓがあれば、ＳＳでもＳｓでもスポットになります。子ネコたちはみなおなかが白くなっています。したがってミーコがＳＳであれば、父親がＳ遺伝子を持っていてもいなくても、子供は斑になります。

ミーコがＳｓの場合、父親がｓｓであれば子供の半分は斑があり、半分は斑がありません。父親がＳｓであれば、子供の四分の三が斑になります。ただ、ミーコの白斑の範囲はあまり大きくありません。それに対して子ネコは斑の少ない子とわりと広い範囲の斑の子とがいます。したがって、ミーコがＳｓで父親がＳＳの可能性が考えられます。

ではつぎに父親が黒ネコの場合を考えてみましょう。この場合は、父親はａａの遺伝型です。ミーコは三毛ですが、白と茶と黒の三毛ではなく、白と茶とキジの三毛です。したがって、野生型のアグチの毛を持っているので、ＡＡまたはＡａです。彼女がＡａであった場合、半分の確率で子ネコは黒ネコになります。しかし、雄でＯ遺伝子と一緒のときは、黒ネコにはならずに茶ネコになります。

つぎに述べるように、茶色には二分の一の確率でなるので、黒ネコになるのは四分の一の確率、またａａだけれども茶色のネコになるのも、四分の一の確率です。子ネコが四匹いるので、もし父親が黒ネコなら一匹は黒ネコになってもよいのですが、たまたま黒ネコは生まれなかった可能性もあります。したがって、ミーコがＡａの場合、おそらく子ネコたちの父親は黒ネコではないでしょうが、はっきりとはわかりません。それに対して彼女がＡＡのときは、子ネコたちの父親は黒ネコであっても構わないことになります。

最後に茶色を決めるＯ遺伝子についてはどうでしょうか。前に述べたように、Ｏ遺伝子はＸ染色体上にあります。ミーコは三毛なのでＯｏです。子ネコの父親は、ＯのＸ染色体とＹ染色体、あるいはｏのＸ染色体とＹ染色体のどちらか（ＯＹまたはｏＹ）です。子供たちには、Ｏまたはｏが遺伝します。

したがって生まれる子ネコは、父親がＯＹのときには、ＯＯ、Ｏｏ、ＯＹ、ｏＹの可能性があります。それぞれ、茶の雌、三毛の雌、茶の雄、キジの雄、です。一方、父親がｏYのときには、子ネコたちはｏｏ、Ｏｏ、ＯY、ｏYとなり、それぞれ、キジの雌、三毛の雌、茶の雄、そしてキジの雄となります。すなわち、キジの雌の子ネコは、父親がｏYのときにしか生まれないし、茶の雌は父親がＯYのときにしか生まれません。ミーコの子供たちのなかにキジの雌がいたことから、父親は茶ではない、すなわちｏYであったことがわかります。

以上のことをまとめると、父親の毛色はキジまたは黒で、おそらく白の斑もあるだろうということになります。ミーコが非常に人なつこいのに似て、子ネコたちもヒトをまったく怖がらずに学生につきまとっていました。しかし、いつの間にか子ネコたちが順にいなくなり、最後にミーコもいなくなってしまいました。学生が家につれて帰った子ネコもいると、聞いたことがあります。みな元気だとよいのですが。それ以来、学校にネコは住み着いていません。少し寂しく思っています。

参考文献

1 野澤　謙「ネコの毛並み」、裳華房（一九九六）

2 ローラ・グールド「三毛猫の遺伝学」、翔泳社（一九九七）

3 今泉　忠明「野生ネコの百科」、データハウス（一九九六）

4 "Genetics for cat breeders" R. Robinson (Butterworth Heinemann) (1991)

5 "Hairless mice" H. C. Brooke, J. Heredity, 17, 173-4 (1926)

6 "Alopecia universal is associated with a mutation in the human *hairless* gene" W. Ahmad et al. Science 279, 720-724 (1998)

7 "Temperature effects on the color of the Siamese cat" N. A. and V. N. Iljin, J. Heredity, 21 309-318 (1930)

8 "Morphologic basis of inherited coat-color dilutions of cats" D. J. Prieur and L. L. Collier, J. Heredity 72, 178-182 (1981)

9 "Paw preference in cat (*Felis silvestris catus*) living in a household environment" A. V. L. Pike and D. P. Maitland, Behavioural processes 39, 241-247 (1997)

10 "Frequency and inheritance of A and B blood types in Feline breeds of the United States" U. Giger, et al., J. Heredity 82, 15-20 (1991)

11 "Fertile male tortoiseshell cats" C. Moran, et al., J. Heredity, 75, 397-402 (1984)

ネコと遺伝学

2003年 8 月22日　初版第 1 刷発行
2013年 6 月30日　初版第 2 刷発行

検印省略

著　者　仁《に》　川《かわ》　純《じゅん》　一《いち》
発 行 者　株式会社　コ ロ ナ 社
代 表 者　牛 来 真 也
印 刷 所　萩 原 印 刷 株 式 会 社

112-0011　東京都文京区千石 4-46-10

発行所　株式会社　**コ　ロ　ナ　社**
CORONA PUBLISHING CO., LTD.
Tokyo　Japan

振替　00140-8-14844・電話（03）3941-3131（代）
ホームページ　http://www.coronasha.co.jp

ISBN 978-4-339-07699-8　（柳生）　（製本：愛千製本所）
Printed in Japan

新コロナシリーズ
発刊のことば

西欧の歴史の中では、科学の伝統と技術のそれとははっきり分かれていました。それが現在では科学技術とよんで少しの不自然さもなく受け入れられています。つまり科学と技術が互いにうまく連携しあって今日の社会・経済的繁栄を築いているといえましょう。テレビや新聞でも科学や新しい技術の紹介をとり上げる機会が増え、人々の関心も大いに高まっています。

反面、私たちの豊かな生活を目的とした技術の進歩が、そのあまりの速さと激しさゆえに、時としていささかの社会的ひずみを生んでいることも事実です。

これらの問題を解決し、真に豊かな生活を送るための素地は、複合技術の時代に対応した国民全般の幅広い自然科学的知識のレベル向上にあります。

以上の点をふまえ、本シリーズは、自然科学に興味をもたれる高校生なども含めた一般の人々を対象に自然科学および科学技術の分野で関心の高い問題をとりあげ、それをわかりやすく解説する目的で企画致しました。また、本シリーズは、これによって興味を起こさせると同時に、専門分野へのアプローチにもなるものです。

●投稿のお願い

「発刊のことば」の趣旨をご理解いただいた上で、皆様からの投稿を歓迎します。

パソコンが家庭にまで入り込む時代を考えれば、研究者や技術者、学生はむろんのこと、産業界の人も家庭の主婦も科学・技術に無関心ではいられません。

このシリーズ発刊の意義もそこにあり、したがって、テーマは広く自然科学に関するものとし、高校生レベルで十分理解できる内容とします。また、映像化時代に合わせて、イラストや写真を豊富に挿入し、できるだけ広い視野からテーマを掘り起こし、科学はむずかしい、という観念を読者から取り除き興味を引き出せればと思います。

●体　裁

判型・頁数：B六判　一五〇頁程度

字詰：縦書き　一頁　四四字×十六行

なお、詳細について、また投稿を希望される場合は前もって左記にご連絡下さるようお願い致します。

●お問い合せ

コロナ社「新コロナシリーズ」担当

電話（〇三）三九四一－三一三一